新时代市政基础设施规划方法与实践丛书

环境园规划方法与实践

深圳市城市规划设计研究院
韩刚团　江　腾　俞　露 编著

U0391532

中国城市出版社

图书在版编目(CIP)数据

环境园规划方法与实践 / 韩刚团,江腾,俞露编著
. — 北京 :中国城市出版社,2022.9
(新时代市政基础设施规划方法与实践丛书)
ISBN 978-7-5074-3536-8

Ⅰ. ①环… Ⅱ. ①韩… ②江… ③俞… Ⅲ. ①环境规
划—研究 Ⅳ. ①X32

中国版本图书馆 CIP 数据核字(2022)第 179810 号

本书是作者团队多年来从事环境园规划工作的经验总结。期间多次前往国内外先进案例所在地区
进行实地考察和学习,承担住房和城乡建设部的软科学课题研究,并主持编制 10 余项环境园规划及
研究项目,形成和掌握环境园规划编制的理论和方法,积累了丰富的规划实践。全书包含基础研究
篇、规划思路与方法篇、实践案例篇三大部分内容。从理论出发到实践落实,全过程分享环境园规划
的方法与案例,资料详细新颖,以实用性为主,兼顾理论性。给读者以引导与启发。

本书可供环境园(垃圾综合处理基地)规划建设领域的科研人员、规划设计人员、相关行政管理
部门和公司企业人员参考,也可作为相关专业大专院校师生的教学参考书。

责任编辑:朱晓瑜　宋　凯
责任校对:姜小莲

新时代市政基础设施规划方法与实践丛书
环境园规划方法与实践
深圳市城市规划设计研究院
韩刚团　江　腾　俞　露　编著
*
中国城市出版社出版、发行(北京海淀三里河路 9 号)
各地新华书店、建筑书店经销
北京红光制版公司制版
北京建筑工业印刷厂印刷
*
开本:787 毫米×1092 毫米　1/16　印张:12¼　字数:288 千字
2022 年 11 月第一版　　2022 年 11 月第一次印刷
定价:**49.00** 元
ISBN 978-7-5074-3536-8
　　　(904532)

丛书编委会

主　任：司马晓

副主任：黄卫东　杜　雁　单　樑　俞　露

　　　　李启军　丁　年　刘应明

委　员：陈永海　任心欣　李　峰　唐圣钧

　　　　王　健　韩刚团　孙志超　杜　兵

　　　　张　亮

编　写　组

主　　编：司马晓　丁　年　刘应明

执行主编：韩刚团　江　腾　俞　露

编撰人员：曹艳涛　夏煜宸　贝思琪　李　峰

　　　　　杜　菲　樊思佑　冯国枝　陈子宁

　　　　　雷　婧　郝雅坦　聂　婷　刘　莹

　　　　　李家诺　孙哲禹　胥　瀚　李　冰

　　　　　曾小瑱　尹玉磊　杨可昀　孙　静

　　　　　汪　洵　房静思　毛　俊　李　佩

　　　　　林　峰　吴　丹

丛书序言

城市作为美丽而充满魅力的生活空间，是人类文明的支柱，是社会集体成就的最终体现。改革开放以来，我国经历了人类历史上规模最大、速度最快的城镇化进程，城市作为人口大规模集聚、经济社会系统极端复杂、多元文化交融碰撞、建筑物密集以及各类基础设施互联互通的地方，同时也是人类建立的结构最为复杂的系统。2021年3月，《中华人民共和国国民经济和社会发展第十四个五年规划和2035年远景目标纲要》对外公布，强调新发展理念下的系统观、安全观、减碳与生态观，将"两新一重"（新型城镇化、新型基础设施和重大交通、水利、能源等工程）放在十分突出的位置。

市政基础设施是新型城镇化的物质基础，是城市社会经济发展、人居环境改善、公共服务提升和城市安全运转的基本保障，是城市发展的骨架。城市工作要树立系统思维，在推进市政基础设施领域建设和发展方面也应体现"系统性"。同时，我国也正处在国土空间格局优化和治理转型时期，针对自然资源约束趋紧、区域发展格局不协调及国土开发保护中"多规合一"等矛盾，2019年起，国家全面启动了国土空间规划体系改革，推进以高质量发展为目标、生态文明为导向的空间治理能力建设。科学编制市政基础设施系统规划，对于构建布局合理、设施配套、功能完备、安全高效的城市市政基础设施体系，扎实推进新型城镇化，提升基础设施空间治理能力具有重要意义。

深圳市城市规划设计研究院（以下简称"深规院"）市政规划研究团队是一支勤于思索、善于总结和勇于创新的技术团队，2016年6月~2020年6月，短短四年时间内，出版了《新型市政基础设施规划与管理丛书》（共包含5个分册）及《城市基础设施规划方法创新与实践系列丛书》（共包含8个分册）两套丛书，出版后受到行业的广泛关注和业界人士的高度评价，创造了一个"深圳奇迹"。书中探讨的综合管廊、海绵城市、低碳生态、新型能源、内涝防治、综合环卫等诸多领域，均是新发展理念下国家重点推进的建设领域，为国内市政基础设施规划建设提供了宝贵的经验参考。本套丛书较前两套丛书而言，更加注重城市发展的系统性、安全性，紧跟新时代背景下的新趋势和新要求，在海绵城市系统化全域推进、无废城市建设、环境园规划、厂网河城一体化流域治理、市政基础设施空间规划、城市水系规划等方面，进一步探讨新时代背景下相关市政工程规划的技术方法与实践案例，为推进市政基础设施精细化规划和管理贡献智慧和经验。

党的十九大报告指出："中国特色社会主义进入了新时代。"新时代赋予新任务，新征程要有新作为。未来城市将是生产生活生态空间相宜、自然经济社会人文相融的复合人居系统，是物质空间、虚拟空间和社会空间的融合。新时代背景下的城市规划师理应认清新局面、把握新形势、适应新需求，顺应、包容、引导互联网、5G、新能源等技术进步，塑造更加高效、低碳、环境友好的生产生活方式，推动城市形态向着更加宜居、生态的方向演进。

上善若水，大爱无疆，分享就是一种博爱和奉献。本套丛书与前面两套丛书一样，是基于作者们多年工作实践和研究成果，经过系统总结和必要创新，通过公开出版发行，实现了研究成果向社会开放和共享，我想，这也是这套丛书出版的重要价值所在。希望深规院市政规划研究团队继续秉持创新、协调、绿色、开放、共享的新发展理念，推动基础设施规划更好地服务于城市可持续发展，为打造美丽城市、建设美丽中国贡献更多智慧和力量！

中国工程院院士、深圳大学土木与交通工程学院院长　陈湘生

2021 年仲秋于深圳大学

丛书前言

当前，我们正经历百年未有之大变局，突如其来的新冠肺炎疫情对我国经济和世界经济产生巨大冲击，将深刻影响城市发展趋势和人们的生活。城市这个开放的复杂巨系统面临的不确定性因素和未知风险也不断增加。在各种突如其来的自然和人为灾害面前，城市往往表现出极大的脆弱性，而这正逐渐成为制约城市生存和可持续发展的瓶颈问题，同时也赋予了城市基础设施更加重大的使命。如何提高城市系统面对不确定性因素的抵御力、恢复力和适应力，提升城市规划的预见性和引导性，已成为当前国际城市规划领域研究的热点和焦点问题。

从生态城市、低碳城市、绿色城市、海绵城市到智慧城市，一系列的城市建设新理念层出不穷。近年来，"韧性城市"强势来袭，已成为新时代城市发展的重要主题。建设韧性城市是一项新的课题，其主要内涵是指在城市或城市系统能够化解和抵御外界的冲击，保持其主要特征和功能不受明显影响的能力。特别是这次新冠肺炎疫情也给了我们一个深刻警醒，"安全"已成为城市最关注的公共产品。良好的基础设施规划、建设和管理是城市安全的基本保障。坚持以人为本、统筹规划、综合协调、开放共享的理念，提升城市基础设施管理和服务的智能化、精细化水平，不断提升市民对美好城市的获得感。

2016年6月，深规院受中国建筑工业出版社邀请，组织编写了《新型市政基础设施规划与管理丛书》。该套丛书共5册，涉及综合管廊、海绵城市、电动汽车充电设施、新能源以及低碳生态市政设施等诸多新型领域，均是当时我国提出的新发展理念或者重点推进的建设领域，于2018年9月全部完成出版发行。2019年6月，深规院再次受中国建筑工业出版社邀请，组织编写了《城市基础设施规划方法创新与实践系列丛书》，本套丛书共8册，系统探讨了市政详规、通信基础设施、非常规水资源、城市内涝防治、消防工程、综合环卫、城市物理环境、城市雨水径流污染治理等专项规划的技术方法，于2020年6月全部完成出版发行。在短短四年之内，深规院市政规划研究团队共出版了13本书籍，部分书籍至今已进行了多次重印出版，受到了业界人士的高度评价，树立了深规院在市政基础设施规划研究领域的技术品牌。

深规院是一个与深圳共同成长的规划设计机构，1990年成立至今，在深圳以及国内外200多个城市或地区完成了近4000个项目，有幸完整地跟踪了中国快速城镇化过程中的典型实践。市政规划研究院作为其下属最大的专业技术部门，拥有近150名专业技术人员，是国内实力雄厚的城市基础设施规划研究专业团队之一，一直深耕于城市基础设施规划和研究领域。近年来，深规院市政规划研究团队紧跟国家政策导向和技术潮流，深度参与了海绵城市建设系统化方案、无废城市、环境园、治水提质以及国土空间等规划研究工作。

在海绵城市规划研究方面，陆续在深圳、东莞、佛山、中山、湛江、马鞍山等多个城市主编了海绵城市系统化方案，同时，作为技术统筹单位为深圳市光明区海绵城市试点建设提供6年的全过程技术服务，全方位地参与光明区系统化全域推进海绵城市建设工作，助力光明区获得第二批国家海绵城市建设试点绩效考核第一名的成绩；在综合环卫设施规划方面，主持编制的《深圳市环境卫生设施系统布局规划（2006—2020）》获得了2009年度广东省优秀城乡规划设计项目一等奖及全国优秀城乡规划设计项目表扬奖，在国内率先提出"环境园"规划理念。其后陆续主编了深圳市多个环境园详细规划，2020年主编了《深圳市"无废城市"建设试点实施方案研究》，对"无废城市"建设指标体系、政策体系、标准体系进行了系统和深度研究；自2017年以来，深规院市政规划研究团队深度参与了深圳市治水提质工作，主持了《深圳河湾流域水质稳定达标方案与跟踪评价》《河道截污工程初雨水（面源污染）精细收集与调度研究及示范项目》《深圳市"污水零直排区"创建工作指引》等重要课题，作为牵头单位主持《高密度建成区黑臭水体"厂网河（湖）城"系统治理关键技术与示范》课题，获得2019年度广东省技术发明奖二等奖；在市政基础设施空间规划方面，主编了近30个市政详细规划，在该类规划中，重点研究了市政基础设施用地落实途径，同时承担了深圳市多个区的水务设施空间规划、《深圳市市政基础设施与岩洞联合布局可行性研究服务项目》以及《龙华区城市建成区桥下空间开发利用方式研究》，在国内率先研究了高密度建设区市政基础设施空间规划方法；在水系规划方面，先后承担了深圳市前海合作区、大鹏新区、海洋新城、香蜜湖片区以及扬州市生态科技城、中山市中心城区、西安市西咸新区沣西新城等重点片区的水系规划，其中主持编制的《前海合作区水系统专项规划》，获2013年度全国优秀城乡规划设计二等奖。

鉴于以上成绩和实践，2021年4月，在中国建筑工业出版社（中国城市出版社）再次邀请和支持下，由司马晓、丁年、刘应明整体策划和统筹协调，组织了深规院具有丰富经验的专家和工程师启动编写《新时代市政基础设施规划方法与实践丛书》。该丛书共6册，包括《系统化全域推进海绵城市建设的"光明实践"》《无废城市建设规划方法与实践》《环境园规划方法与实践》《厂网河城一体化流域治理规划方法与实践》《市政基础设施空间布局规划方法与实践》以及《城市水系统规划方法与实践》。本套丛书紧跟城市发展新理念、新趋势和新要求，结合规划实践，在总结经验的基础上，系统介绍了新时代下相关市政工程规划的新方法，期望对现行的市政工程规划体系以及技术标准进行有益补充和必要创新，为从事城市基础设施规划、设计、建设以及管理人员提供亟待解决问题的技术方法和具有实践意义的规划案例。

本套丛书在编写过程中，得到了住房和城乡建设部、自然资源部、广东省住房和城乡建设厅、广东省自然资源厅、深圳市规划和自然资源局、深圳市生态环境局、深圳市水务局、深圳市城管局等相关部门领导的大力支持和关心，得到了各有关方面专家、学者和同行的热心指导和无私奉献，在此一并表示感谢。

感谢陈湘生院士为我们第三套丛书写序，陈院士是我国城市基础设施领域的著名专家，曾担任过深圳地铁集团有限公司副总经理、总工程师兼技术委员会主任，现为深圳大学土木与交通工程学院院长以及深圳大学未来地下城市研究院创院院长。陈院士为人谦逊随和，一直关心和关注深规院市政规划研究团队的发展，前两套丛书出版后，陈院士第一时间电话向编写组表示祝贺，对第三套丛书的编写提出了诸多宝贵意见，在此感谢陈院士对我们的支持和信任！

本套丛书的出版凝聚了中国建筑工业出版社（中国城市出版社）朱晓瑜编辑的辛勤工作，在此表示由衷敬意和万分感谢！

《新时代市政基础设施规划方法与实践丛书》编委会

2021 年 10 月

　　随着城市化水平的不断提高、城市面貌日新月异、城市数量和单个城市规模急剧膨胀，与此同时城市建成区也在不断扩大，世界各地都面临"垃圾围城"的困局。但被当作"厌恶型设施"的垃圾填埋场、垃圾焚烧厂、建筑垃圾处理场等环卫设施建设往往滞后，其设施的空间选择范围越来越小、越来越困难。环卫设施要么距离城市居民点过近，遭遇居民的强烈反对、投诉乃至上访；要么与风景旅游区、自然保护区、城市水源保护区等冲突，环评难以通过。但城市垃圾处理设施作为城市发展、居民生活所必需的市政公用设施，不可或缺，否则城市就无法实现正常运转，更谈不上可持续发展。

　　垃圾问题和水问题一样，也是城市重要的生命线问题，决定城市命运。如果不处理好垃圾问题，垃圾围城不仅影响城市的市容市貌，也将严重威胁城市的发展。"垃圾围城"现正在全国上演，北京和广州也面临着垃圾围城的困境。意大利那不勒斯曾经爆发的垃圾危机，不仅影响到当地人民的生活，也使其国家形象受损，成为重要政治事件。垃圾危机的警示值得每一个城市深思！如何解决"垃圾难题"，促进城市可持续发展？

　　环境园是破解城市生活垃圾难题的良药。在"垃圾围城"频发的背景下，世界各国和地区都在寻找"垃圾难题"的破解之道，其中西欧、日本、新加坡、中国多个城市都通过建设生态园或垃圾综合处理基地，较为成功地解决了垃圾处理难题，并取得较好的环境效益、经济效益和社会效益，成为其他国家和城市的学习榜样。深圳作为中国改革开放的前沿城市，其在很多领域引领着国内的发展潮流，在垃圾处理方面亦是如此。早在1996年修编《深圳市环境卫生设施总体规划（1996—2010）》时，就在全国首次提出了环境园的概念，通过建设环境园，在破解垃圾处理难题的同时，营造良好的园区环境和氛围，改变人们对垃圾及垃圾处理场所的看法，并起到增加休闲与教育空间、提升大众环保意识和素养的作用。所谓环境园，就是将分选回收、焚烧发电、高温堆肥、卫生填埋、渣土受纳、粪渣处理、渗滤液处理等诸多处理工艺的部分或全部集于一身，并具有宣传、教育、培训等功能的环境友好型环卫综合基地。

　　然而，环境园如何规划建设，以及在前端分类收集的基础上，促进环境园规划编制工作有模式可借鉴，实现规划编制的规范化、系统化，促进环境园或综合性垃圾处理基地的科学规划与发展是面临的重要课题。

　　深圳市城市规划设计研究院市政规划研究院作为环境园规划研究的专业团队，早在2005年就开始对环境园相关规划思路与方法进行系统研究，期间多次组织技术团队赴日本、德国、法国以及我国香港、台北等国家和地区针对环境园规划建设与管理进行实地考察和学习，至今已完成了近10项环境园规划及研究项目，独立承担住房和城乡建设部的软科学课题研究，逐渐形成和掌握环境园规划编制的理论和方法，并积累了丰富的规划实践。

本书是作者团队多年来从事环境园规划工作的经验总结。环境园作为新理念，其立意与要求远高于传统的处理设施规划，其体现空间规划、环卫专项规划、交通规划、生态规划、环境规划与景观规划等多专业的应用、协同与融合。本书立足于构建环境园规划框架、技术路线、用地分类标准、规划新方法，揉合环境园与周边的城市界面，促进产城融合，零化邻避效应或尽可能不再产生新邻避。通过环境园规划，实现环境园成为城市重要生态空间、休闲空间、科普教育基地及城市重要的组成部分，促进环境园与城市的和谐共生。

本书内容分为基础研究篇、规划思路与方法篇和实践案例篇三部分，由司马晓、丁年、刘应明负责总体策划和统筹安排等工作，由韩刚团、江腾、俞露共同担任执行主编，负责大纲编写、组织协调以及文稿汇总与审核等工作。本书凝结了20多位团队成员的心血和智慧，其中基础研究篇主要由韩刚团、江腾、夏煜宸、曹艳涛、贝思琪等负责编写；规划思路与方法篇主要由韩刚团、江腾、杜菲、曹艳涛、夏煜宸等负责编写；实践案例篇主要由江腾、曹艳涛、贝思琪、樊思佑、冯国枝、陈子宁、雷婧、郝雅坦、聂婷、刘莹、李家诺负责编写。在本书成稿过程中，贝思琪、聂婷、孙哲禹负责完善全书图表制作工作；刘应明、李峰、陈永海、杜兵、孙志超等多位同志配合完成了全书的文字校审工作。胥瀚、李冰、曾小瑱、尹玉磊、杨可昀、孙静、汪洵、房静思、毛俊、李佩、林峰、吴丹等参与部分内容讨论或提出了很多宝贵意见。因参与成员较多，无法一一列举，在此表示深深的感谢！

本书是编写人员多年来对环境园规划实践与理念研究工作的系统总结与提炼，希望通过本书与各位专业人士分享我们的规划理念、技术和经验。环境园的规划建设还处于快速发展时期，加上作者经验、人力、物力、时间所限，书中缺点及不足难免，敬请读者不吝指出。所附的参考文献如有遗漏或错误，请作者直接与出版社联系，以便再版时补充或更正。

本书出版也凝聚了出版社朱晓瑜编辑等工作人员的辛勤工作，在此表示万分的感谢！

最后，谨向所有帮助、支持和鼓励完成本书的专家、领导、家人和朋友致以真挚的感谢！

《环境园规划方法与实践》编写组

2022 年 7 月

目 录

第 1 部分

基础研究篇

第1章 绪　　论

1.1　基本概念和基本术语

1.1.1　基本概念

1. 环境园的定义

环境园是将分选回收、焚烧发电、高温堆肥、卫生填埋、渣土受纳、粪渣处理和渗滤液处理等诸多处理工艺的部分或全部集于一身，并具有宣传、教育和培训等功能的环境友好型环卫综合基地。

2. 环境园特性

环境园作为城市环境卫生公共设施项目之一，具有如下特性：

（1）基础性、公益性与社会性

环境园是为了满足当地或周边地区发展需要，履行城市垃圾处理的公共服务，以创造社会效益和环境效益为主的非生产性、公益性环卫项目，是城市基础设施项目的重要组成部分。

（2）集群性与个体特殊性

环境园是一个典型的集群项目，包含了数量多、分布广泛的众多单个设施，如焚烧发电厂、填埋场、污水处理厂、分选中心等，故环境园既有整体的共性，又有个体的特殊性。对于整体而言，环境园建设具有明显的宏观社会效益。对于整体中的单个设施而言，由于所处位置、服务对象、功能设计的不同，各自发挥的社会效益也必将参差不齐，有的社会效益明显，有的可能社会效益欠佳。

（3）协调性与依赖性

环境园是城市大系统中的一个独立的子系统，这就要求系统内部因素以及系统同外部之间必须协调一致，必须在物流和能源流畅通的情况下才能保持园内环卫设施良好地运行。具体表现为：园内环卫公共设施项目在质和量、空间和时间上，必须与城市发展保持一致，它们是相互依存、相互影响的。

（4）需求性与排斥性

城市发展的需要和环境质量改善的需求，催生了城市垃圾处理设施的建设。但城市垃圾处理设施一旦建成，或多或少会对周围的环境产生一定影响（尽管这种影响已经降到尽可能低的程度），同时难以避免城市垃圾处理设施令周围的居民感到不快。因而存在一种需求与排斥对立矛盾的现象：所有人都希望建成城市垃圾处理设施，但同时都不希望这些公共设施建在自己附近。这种需求性与排斥性也正是环境园详细规划实施、建设与管理中容易引发社会矛盾的根源。

3. 环境园的优势

环境园与一般的垃圾处理基地在理念上存在区别，即环境园更强调良好的园区环境质量和氛围、科普的教育平台，以期改变大众的"垃圾观"，提升大众的环保意识和素养。

环境园的优势其一在于降低垃圾处理的环境污染，最大限度地实现垃圾减量化、资源化、无害化；其二是将当今世界发展所遇到的两个共同难题即"垃圾过剩"和"资源短缺"有机协调起来，"变废为宝"，充分发挥垃圾的资源效益，实现了有用垃圾的回收利用，节约了能源资源；其三是同时减少了垃圾处理设施的选址数量，降低了选址难度，促进了规划选址的落实。

1.1.2　基本术语

1. 生活垃圾 municipal solid waste

在日常生活中或者为日常生活提供服务的活动中产生的固体废物以及法律、行政法规规定视为生活垃圾的固体废物。

2. 危险废弃物 hazardous waste

根据《中华人民共和国固体废物污染防治法》的规定，危险废物是指列入国家危险废物名录或者根据国家规定的危险废物鉴别标准和鉴别方法认定的具有危险特性的废物。

3. 生活垃圾焚烧发电厂 garbage incineration power plant

将垃圾放在焚烧炉中进行燃烧，释放出热能，余热回收可供热或发电。

4. 垃圾填埋场 landfill

垃圾填埋场是采用卫生填埋方式下的垃圾集中堆放场地，垃圾填埋场因为成本低、卫生程度好在国内被广泛应用。

5. 循环利用 recycling

循环是将废品变为可再利用材料的过程，它与重复利用不同，后者仅仅指再次使用某件产品。

6. 城市规划建成区 urban planning construction area

城市规划区内连片发展且与市政公用设施和公共设施配套的城市规划建设用地。

1.2　城市固废处理模式及环境园的发展与历程

垃圾作为人类生产生活的产物，其定义的演变，一定程度上反映了固废处理模式发展的历程，说明随着垃圾成分的复杂化，垃圾的处理模式越来越受到人们的重视，并不断发展进步。

在人类文明开端的旧石器时代，不存在所谓垃圾。在新石器时代，垃圾也是指考古术语"灰坑"中的遗存。

在中国古代，垃圾指被倾弃的污秽废物。宋代吴自牧《梦粱录》卷十二"河舟"中有"更有载垃圾粪土之船，成群搬运而去"的描写。1979 年版的《辞海》首次使用了"垃圾"一词。1978 年版的《现代汉语词典》中，"垃圾"的定义是"脏土或扔掉的破烂东西"。在 1995 年颁布的《中华人民共和国固体废物污染环境防治法》中对城市生活垃圾界定为：城市生活垃圾是指在城市日常生活中或者为日常生活提供服务的活动中产生的固体废物以及法律、行政法规规定视为生活垃圾的固体废物，主要包括厨房余物、废纸、废塑料、废织物、废金属、废玻璃、陶瓷碎片、砖瓦渣土、粪便及废家具、废旧电器、庭园废物等。我国目前医院垃圾、污泥、工业危险废物等要求专门处置，一般不计入城市生活垃圾。2001 年版的《现代汉语词典》中，"垃圾"一词的解释加上了"废弃物"的现代释义。

"废弃物"一词属于第一类。古老的法语 Vastum，意思是空旷或荒凉，它首先被用来描绘一个荒凉、废墟或被忽视的地区。后来，这个词被用来描述浪费的支出（从这个意义上说，它与法语中的 Déchet 具有相同的含义）。最终在 15 世纪时期被赋予了现在我们所认知的含义。事实上，废弃物的原始含义具有空间维度，因为它描述的是一个地方，类似于动词 Spazzare 中的 Spazzatura（腾出空间、消除杂乱），且其是非中性的。事实上，废弃物问题长期以来一直与城市空间的卫生和消毒问题以及城市排泄物的管理密切相关，或为其整体的代名词。

垃圾处理（亦称"固废处理"）的发展史也反映了固废产生的社会发展进程，以及它们与环境之间所调动的资源关系。在工业革命之前，城市废弃物的管理主要与城市卫生有关，虽然产生的废弃物数量仍然很少，但收集和处理的方法难以令人满意，导致市民常谴责城市卫生肮脏。从医学角度出发，受污染的环境和空气是城市死亡率过高的重要原因，由此欧洲开始推行新政策和管理技术以提升城市清洁程度。

从 19 世纪 70 年代开始，随着"化肥革命"、煤炭产业的快速发展，以及后来石油工业的发展，生产生活物资的种类更为丰富、获取途径更为便利，这一定程度上也影响了回收产业。直到 20 世纪 60 年代，废弃物管理的目标变为降低固废回收成本，导致全环境成为垃圾的容器。到 20 世纪 60 年代和 70 年代，环境危机开始成为焦点，地球环境承载极限的问题日益受到关注，并且人们开始重视工业城市的环境污染问题。同时，废弃物的产生类型与规模，与消费水平及特征密不可分。随着人们消费水平的提高，固废的产生也不断增长。

中西方"垃圾"一词的定义演变，可映射出固废处理模式的发展轨迹。换句话说，固废处理是伴随着垃圾成分的演变以及人们对环境的认识加深而不断发展的，从随意弃置的自然降解时期到单纯填埋处理到焚烧与资源利用，再到如今"减量化""无废化"的意识变革。

而"环境园"可视为固废处理模式的发展升级，是多类固废处理设施甚至相关产业、宣教公益在空间上的集合、在管理上的统筹、在技术上的协同、在环境上的生态循环可持续。

本章将固废处理模式发展历程划分为自然降解时期、填埋阶段、填埋与焚烧并重阶段、全量焚烧与资源循环利用阶段以及现阶段至未来发展五个阶段，并分别就各阶段我国发展历程和国外具有先进理念与技术的典型国家地区情况展开介绍。同时，对国内外环境园的发展情况进行介绍。

1.2.1　自然降解阶段

"自然降解时期"的垃圾处理模式可基本概括为两个关键词，即"随意弃置"和"堆肥（Composting）"。人类早期产生的垃圾包括厨房垃圾、农业垃圾和其他日常垃圾等。其中厨房垃圾的产量是最大的，其次是农业垃圾，最后是一些种类繁杂的日常垃圾。这些垃圾具有一个共同的特点，就是所含成分比较简单，可以通过一系列物理化学过程被大自然完全消纳，对环境造成的影响很小。因此，早期人们对垃圾进行最简单的"无成本"处理——"随意倾倒"。

1. 中国

（1）任意弃置

先秦时期，城市已经颇具规模，人口开始密集起来，并随之产生了大量的生活垃圾。为了保护环境，当时的统治者制定了相当严格的法令。《汉书·五行志》："商君之法，弃灰于道者，黥。"灰即垃圾；黥是在人脸上刺字并涂墨之刑，为上古五刑之一。《韩非子·内储说上》中也提到："殷之法，弃灰于道者断其手。"也就是说，在路上扔垃圾，是要剁手的。即便制定了如此残酷的律条，也还是很难保证道路完全整洁，故而当时还设置了"条狼氏"一职①。《周礼·秋官》中，就有一些关于"条狼氏"的记载："条狼氏下士六人，胥六人，徒六十人。""掌执鞭以趋辟，王出入则八人夹道，公则六人，侯、伯则四人，男、子则二人。"清代的顾炎武在《日知录·街道》中解释道："古之王者，于国中之道路则有条狼氏，涤除道上之狼扈，而使之洁清。"条，为洗涤之涤；狼扈，则指纵横散乱之人或物。

根据史料记载，我国汉代已有城市垃圾清扫。汉长安城在历经八百年之后，由于人烟辐凑，地势低洼，排水不畅，垃圾和粪便污染严重，导致"水皆咸卤，不甚宜人"。于是在隋开皇初年，污水排放问题难以处理的旧长安城被放弃了，隋迁都到地势较高的大兴城。"且汉营此城，将八百岁，水皆咸卤，不甚宜人。愿陛下协天人之心，为迁徙之计。"——《隋书》可见"条狼氏"的职责是清除道路、驱避行人，算是环卫工人与城管的结合。但是由于官府雇人或民间对垃圾的日常清理有限，许多垃圾、污物仍被随意抛置，或倾倒入沟渠里。时间一长，沟渠淤积，垃圾成堆。因此，每隔一段时间，官府就要对城区沟渠进行全面清理。我国西藏牧区的部分藏民部落仍习惯一年迁徙数次，其原因之一就是不能忍受周围成堆的垃圾①。

唐朝时期的长安，是当时世界上最大的城市，居住人口达到百万。这样一个巨大的城市，每天产生的垃圾数量不容小觑。为了处理垃圾问题，国家颁布了相应的法规，其严格程度不逊于先秦。据《唐律疏议》记载，在街道上扔垃圾的人，会被处罚六十大板，而倒水则不受惩罚。若执法者纵容市民乱扔垃圾，也会被一同处罚。《唐律疏议》："其穿垣出秽污者，杖六十；出水者，勿论。主司不禁，与同罪。"唐朝时还出现了以回收垃圾、处

---

① 那五. 古代城市如何处理垃圾？乱丢者剁手！南都周刊.

理粪便为职业的人，还有人因此走向发家致富之路，成为百万富翁。《朝野佥载》："长安富民罗会，以剔粪为业。"《太平广记》："河东人裴明礼，善于理业，收人间所弃物，积而鬻之，以此家产巨万。"为了管理城市环境卫生，宋朝设置了专门的机构：街道司。街道司下有专职的环卫工人，其职责包括洒扫街道、疏导积水、整顿市容。

开封、临安等大城市每日清晨打扫街道、处理垃圾的工作安排了上百名环卫工人负责[①]。《清波杂志·凉衫》中描绘了这样一个场面："旧见说汴都细车，前列数人持水罐子，旋洒路过车，以免埃蓬勃。"即"细车"前让一些人拿着水罐子，旋洒路过车，以免尘埃飞扬。除此之外，据《梦粱录》记述："人家甘泔浆，自有日掠者来讨去。杭城户口繁夥，街巷小民之家，多无坑厕，只用马桶，每日自有出粪人瀽去，谓之'倾脚头'。""遇新春，街道巷陌，官府差雇淘渠人沿门通渠；道路污泥，差雇船只搬载乡落空闲处。"即城市居民每日产生的生活垃圾、粪溺，也有专人负责处理；每逢春天，官府定期安排工人疏通沟渠，以免城市积水。

明朝时期的京城设有先进的排水管道，同时，城市和乡村垃圾处理也已形成完备的产业链。以垃圾粪便为例，由专人负责城市垃圾粪便回收，再运到乡村出售，用于耕作。除此之外，城市的垃圾会进行分类，各种生活垃圾都有专门的人回收[②]。

清朝官府将唐律中的"其穿垣出秽污者，杖六十"，改成了"笞四十"。不过其执行状况效果存疑，因为清朝的城市街道卫生状况似乎比明朝更为糟糕[②]。《燕京杂记》："人家扫除之物，悉倾于门外，灶烬炉灰，瓷碎瓦屑，堆积如山，街道高于屋者至有丈余，人们则循级而下，如落坑谷。"大意即人们直接把家里的垃圾扫到路上，最后导致城市路面比两旁的房子还高。或许存有夸张的成分，但当时的垃圾污染状况可见一斑。清末的北京城，由于排水系统过于陈旧，平日空气弥漫异味，每年二三月间需开沟清淤晾晒，满城气味异常难忍。而生活废品和煤渣直接弃于屋外街道。

到了光绪末年，政府设置了清道夫，配合有司一起管理环境卫生，情况才有所好转[③]。

（2）露天堆放

随着人类由游牧转向定居和聚集，垃圾随意倾倒会造成环境污染，所以官府开始要求对垃圾有意识地收集和堆放[④]。《韩非子内储说上》载："殷之法，弃灰于公道者断其手"，堪称世界上最早的垃圾处理要求。清同治十三年，上海公共租界工部局规定：居民应在每日上午9时以前倾倒垃圾，凡规定时间以外将垃圾倾倒在道路上的，将受到有关法庭起诉，处以罚款。汉代官府一般雇人将垃圾挑出城堆积。南宋临安，"街道坊巷，官府差顾淘渠人沿门通渠，道路污泥差顾船只搬载乡落空间处"。我国古代城市的边缘多以城墙为

---

① Yun Li，Xingang zhao，Yanbin Li，et al. Waste Incineration Industry and Development Policies in China［J］. Waste Management，2015（46）：234-241.

② 那五. 古代城市如何处理垃圾？乱丢者剁手！南都周刊.

③ 牛晓. 我国古代城市对于垃圾和粪便的处理［J］. 环境教育，1998（3）：42-43.

④ Yun Li，Xingang zhao，Yanbin Li，et al. Waste Incineration Industry and Development Policies in China［J］. Waste Management，2015（46）：234-241.

界，城墙内再分区，每个分区有一个城门。垃圾则按片区收运后送出城外某地点堆放。垃圾运输时间限定于夜晚，与白天城市出城居民相错。在有条件的城市，还采用河道中的"河舟"运送垃圾粪土。民国时期，是由警察局指派清道夫把垃圾运到指定场地填入洼地。新中国成立之前，我国并没有特别重视垃圾处理问题，只是在保证街道整洁、河道畅通时才会特别重视垃圾清运，大规模、有组织的垃圾处理出现在新中国成立以后①。

2. 其他国家

固废处理模式的演变历史与用于描述固废的词语的变换紧密关联。这个时期西欧、北美曾出现主要由三种不同类型的词汇来描述我们现在所说的"垃圾"。第一类，"固废"术语大多与"损失"和"无用"的主题有关：法语中的 Déchet 来自动词浪费，英语则由"拒绝"和"垃圾（主要指动物内脏）"演变而来，意大利语中的 Rifiuti，西班牙语中的 Residuo，德语中的 Abfall。第二类，"固废"术语强调了这些特定材料的肮脏或令人厌恶的性质：如法语中的 Immondice，意大利语中的 Immondizia（来自拉丁语 Mundus，意思是"清洁"），法语中的 Ordure 来自拉丁语 Horridus（意思是"可怕的"）。而第三类，"固废"术语则描述为构成垃圾的材料，如：法语中的 Boues，意大利语中的 Spazzatura，德语中的 Müll 和 Schmutz，英语中的"垃圾"一词原意为"瓦砾"②。

工业革命前，包括街道在内的城市开放空间常被用作城市垃圾的容器，主要有人和动物的排泄物、家庭或工匠活动产生的其他有机材料、建筑拆除所产生的碎石、各种矿物碎片等，因此这些土壤的成分可以反映城市的历史。由于街道和广场并非总是高于水平面，可能会吸收大量雨水，或者由于城市化地区建在低洼甚至沼泽地上，因此垃圾渗入土壤的现象尤为显著。

在这些城市中，人类和动物种群都非常密集，马车和其他自卸车交通导致腐烂的泥浆形成，堆积高度甚至可达到两层建筑，更存在导致街边建筑被掩埋的情况。这种部分无意的地面抬高是城市垃圾在地表积累的结果。同时，由于人工堤防建设将沼泽地转变为可开发的土地，且多从护城河中挖掘材料，可在一定程度上使这些泥浆得以循环利用成为建筑材料。但随着开发用地增多，城市开发建设与更新拆除的规模与频率提升，所拆除的瓦砾和城市泥浆等建筑材料将变成建筑垃圾，其数量也趋于增加。

至中世纪，垃圾场多为大件垃圾集中堆放或排水形成的坑塘，通过街道清洁服务部署，至今仍可在一些城市中找到。这些垃圾场，最初建立于城门外，后来被不断增长的城市包围，并被新城市范围以外的地点所取代，往往成长为真正的山丘。巴黎的情况就是如此，这些土墩已经完全融入了城市景观②。

---

①　Yun Li，Xingang zhao，Yanbin Li，et al. Waste Incineration Industry and Development Policies in China［J］. Waste Management，2015（46）：234-241.

②　M Agnoletti，S Neri Serneri．The Basic Environmental History，Environmental History 4［M］．Springer International Publishing Switzerland，2014.

1.2.2 填埋阶段

1. 中国

随着随意倾倒和露天堆放带来的问题日益严重，包括自燃和爆炸造成的空气污染，下雨时造成的水污染、传染疾病和污浊，垃圾腐烂产生的难闻气味等。由此，人们想到用土将垃圾掩埋。长期以来，填埋是我国垃圾处理的主要途径，处理了我国绝大部分的城市垃圾。最初采取的只是自然填沟或填坑，对渗滤液和填埋气体等缺乏必要的收集处理，对其他环境影响因素（扬尘、气味、蚊蝇等）也缺乏必要的防范措施。但近几年，我国垃圾卫生填埋场建设日趋完善，并有了比较完善的渗滤液和填埋气体收集处理系统，对其他环境影响因素的防范措施也日趋成熟[1]。

2. 其他国家

从 15 世纪到 18 世纪，欧洲城市的卫生水平总体呈下降趋势。到 18 世纪，人们开始意识到空气及其与身体的亲密和频繁接触是土壤散发的瘴气或硫磺污染的传播介质，其挥发物质存在极大毒性或可致死，甚至出现超额死亡率，这不仅会导致自然平衡为负数（死亡人数多于出生人数），而且会造成城市人口的预期寿命低于周边农村的现象。因此，城市超额死亡率是由于被腐烂垃圾饱和污染的土壤以及人类和动物高密度接触的累积效应造成的。呼吸通过消耗氧气并在燃烧过程中产生 CO_2 而永久污染了空气。因此，医疗以及科学、政治和知识界就垃圾处理的模式提出了新的要求，以尽快解决危害城市环境与人民健康的问题，并建议通过填埋覆盖来更好地处理垃圾问题以减少其腐烂，并在整个 19 世纪都得到了发展[1]。

卫生填埋场与焚烧一样，1912 年起源于英国（该术语约从 20 世纪 30 年代开始使用）。这种方法包括放置连续的垃圾层，1.5~2.0m 厚，由惰性物质分离。只有当前一层的温度稳定时（发酵产生热量），才添加另一层。该过程成本低可产生一定利益，其唯一的限制是需要足够靠近城镇的大空间，以避免过高的运输成本。这就解释了为什么在北美等广大国家，垃圾填埋场比空间有限的欧洲更普遍。然而，在两次世界大战期间，垃圾填埋场的数量以前所未有的方式成倍增加，其逐渐被认为是垃圾储存的最佳解决方案（1950 年，英国 60% 的垃圾被放置在垃圾填埋场）。即使在法国也是如此，其垃圾填埋场最初被认为是不健康和浪费的。此外，建设垃圾填埋场的支持者认为，垃圾倾倒有助于垃圾场和未开垦土地的城市发展。然而，大多数时候，填埋土地被认为是无人区。法国南部的 Entressen 遗址就是最好的例子。由于 Plaine de Crau 回收项目的终止，其在 2010 年前一直被用作马赛垃圾填埋场，并且该填埋场是 21 世纪初欧洲最大的垃圾填埋场。在德国，直到 1945 年，政治制度倾向于垃圾回收利用；但垃圾填埋场仍然可作为"景观构造"的一部分，例如莱比锡附近 60m 高的垃圾堆。在荷兰，20 世纪 30 年代开始了一项全面的家庭垃圾回收农业计划。到 20 世纪 60 年代，荷兰每年从 200 万人（占总人口的 20%）产生

---

① Yun Li, Xingang zhao, Yanbin Li, et al. Waste Incineration Industry and Development Policies in China [J]. Waste Management, 2015 (46): 234-241.

的垃圾中可生产 20 万 t 堆肥，特别是在 1955 年之后极大地促进了荷兰园艺的发展，特别是对花球栽培行业的促进影响[①]。至第二次世界大战后，战争和冲突后几年的物资短缺导致垃圾产量减少；同时，由于资源短缺问题，生活必需品的减少，亦导致垃圾产生量的减少[①]。

1.2.3　填埋与焚烧并重阶段

随着"垃圾围城"现象的日益严重，城市固体垃圾焚烧发电项目成了政府鼓励的新产业。垃圾焚烧工业是环保产业、新能源产业和市政基础设施的结合体。由此，环境园雏形产生，即环境园发展的第一阶段。环境园最早的雏形是 20 世纪 60 年代在西方发达国家出现的"工业共同体"。"工业共同体"的内部企业为降低生产成本，互相交换工业废物，将其他企业的工业废物作为自己的生产原料来降低成本，从而在空间上形成规模和聚集发展。

1. 中国

垃圾焚烧源于人类减少装卸和运输垃圾的方便途径。在古代，烧荒就是解决农业垃圾的一种方式，其结果不仅减少劳动力的付出，产生的草木灰还可肥田，只是由于烧荒的不可控制性，才使人们不敢随意地燃烧田间的剩余物。民国时期，南京政府引进了欧美国家的焚烧技术，成立了垃圾处理站，"这个垃圾处理站具体的位置可能是在城东的轿子山，但因为焚烧垃圾产生了巨大的异味，导致附近的居民在《民生报》上声讨，不久，这个处理站就改用填埋的方式了。"[②]新中国成立后，垃圾焚烧技术的研究和应用起步相对较晚，从 20 世纪 80 年代中期才开始应用先进的焚烧技术。深圳市垃圾焚烧厂是我国引进国外关键技术及主要设备后建成的第一座现代化焚烧厂，为我国发展自主的垃圾焚烧技术提供了宝贵经验[③]。

2. 其他国家

焚烧处理技术在欧洲和美洲起步较早，已有 130 多年的历史。城市管理者从始至终对垃圾处理模式的创新寄予了厚望，但到 19 世纪后期，在两次世界大战期间，垃圾量出现了前所未有的增长，源于包装的复杂化、报纸等宣传材料的发展。随着回收成本的增加，回收厂的运营成本被证明远远高于其产品销售的收入，获利大幅贬值。至 1930 年，几乎所有的垃圾回收处理厂均被大规模燃烧厂所取代。因此，与垃圾收集相关的技术在开发时不再考虑有用性，而是以较低的成本进行处置或储存。这个时期的垃圾处理主要使用四种技术：一是通过焚烧但不以产生能源为目的（尽管一些城市继续使用这一模式），其唯一目的是减少垃圾体积；二是污水直接排向大海或直接排向河流（主要涉及生活污水）或于陆上处置；三是应用垃圾粉碎机，其开发应用是为了将固体垃圾的处理与废水的处理联系起来，从而实现垃圾收集和垃圾运输联网的目标；四是为厨房水槽定制的电动装置，可将

①　M Agnoletti，S Neri Serneri．The Basic Environmental History，Environmental History 4［M］．Springer International Publishing Switzerland，2014．

②　Yun Li，Xingang zhao，Yanbin Li，et al．Waste Incineration Industry and Development Policies in China［J］．Waste Management，2015（46）：234-241．

③　赵敬波．我国第一座现代化垃圾处理厂在深圳点火正常运行［J］．城市环境与城市生态，1988（3）．

碎垃圾排入下水道，英国和美国进行了许多技术实验，但该技术仅可处理一部分垃圾（厨余垃圾），且需要增加废水处理厂的容量，并导致用水量的增加[①]。

在 20 世纪 60 年代和 70 年代的环境危机期间，大多数发达国家的科学家、知识分子、艺术家、记者和公民（尽管每个国家都有不同程度的危机）开始出现谴责工业化、消费，甚至开始形成"城市发展存在有害影响"等观点。早在 1948 年，费尔菲尔德·奥斯本（Fairfield Osborn）、雷切尔·卡森（Rachel Carson）等学者从环境保护和对地球极限的认识就固废处理方式提出了开创性见解。1968 年在巴黎举行的生态圈会议进一步强调了统一性和独特性以及"在确保子孙后代的生活条件的前提下如何在全球范围内合理利用资源至关重要"的意见。同期，多位著名学者、生态专家、环境工程师提出城市的管理及其固废处理的重要性，并认为，如何处理固体、液体或气体垃圾与是否会造成城市和自然环境的破坏密不可分，特别是引起社会危机与环境危机的关联。由此可以看出，从自然降解、填埋到焚烧的固废处理发展，是向关注环保、公共卫生以及人们健康意识的转变[①]。

尽管在第二次世界大战期间固废产生量有所下降，但整个 20 世纪产生的垃圾量显著增加。除城市垃圾外，还有来自农业、工业、建筑和公共工程的垃圾。然而，这个时期垃圾的规模在很大程度上其实是未知的，因为没有进行严谨的评估测算。因此，早在 20 世纪 70 年代，垃圾处理危机就已出现，面对成堆的固废，公众利益相关方往往无能为力。同时，其危机的来源也是由于垃圾毒性引起的事故数量大幅增加，如：20 世纪 70 年代，美国尼亚加拉大瀑布（Niagara Falls）、拉夫运河（Love Canal）片区的癌症发病率异常高。从 1942 年到 1952 年，该地倾倒了 21000t 有毒垃圾（见 Oates 2004 年《瀑布》）；1983 年在法国发现了 41 桶含有二噁英的化学垃圾，主要来自于 1976 年的工业灾难。同时，早年居住在市政垃圾填埋场周边的居民的健康状况堪忧，以及土壤污染了的菜园农产品，这些都是敦促改进固体垃圾处理模式的代价与动力[①]。

1.2.4 全量焚烧与资源循环利用阶段

固废处理模式发展至全量焚烧与资源循环利用阶段时，其主题关键词可总结提炼为"循环经济（Circular Economy）"与"3R 原则（Reduce，Reuse，Recycle）"。事实上，垃圾并不等同于绝对意义上的废弃物，许多暂时无用的东西从其他角度和意义上又是可以被利用的，所以应将其视为"放错地方的资源"，是丰富的再生资源的源泉。对垃圾的资源利用几乎无法界定起始年代，人们一直没有停止过从肮脏的垃圾中寻找出能用或可回收的东西。关于最大限度地减少垃圾产生的问题，各个国家均采取了卓有成效的措施。近几年，我国开始推行了垃圾分类、"净菜进城"、抵制过度包装、宾馆餐饮限制使用一次性用品等措施。减少垃圾产生任重道远，需要精细化管理与完善的制度支撑，以及各行各业的共同责任与义务、政府部门和居民的共同努力。

由此，环境园的固废处理模式及其规划方向进入第二阶段，即环境园的发展开始以垃

---

① M Agnoletti，S Neri Serneri. The Basic Environmental History，Environmental History 4 ［M］. Springer International Publishing Switzerland，2014.

圾焚烧电厂为核心，聚焦固废处理相关行业，相较"工业共同体"时期，园区内的上下游产业链延伸得更加丰富和广泛，聚集的企业更多，产业类型更加丰富，开始向资源循环利用方向侧重。

1. 中国

我国历来重视废旧物品的回收和利用。在 20 世纪 50 年代，不少城市成立了物资回收公司，回收一部分家庭废弃物中的有用物资，如北京市 1953 年已开始成立废品回收站，到 1965 年仅在二环路内，就有 2000 多个国营废品回收站，大大减少了垃圾处理量。并且，回收 1t 废纸可造好纸 850kg，节省木材 $3m^3$，节省碱 300kg，比等量生产减少 74% 的环境污染。除了回收可利用的物质以外，垃圾中的其他物质也能转化为资源，如食品、草木和织物可以堆肥，生产有机肥料；垃圾焚烧可以发电、供热或制冷；砖瓦、灰土可以加工成建材等[①]。

20 世纪末期，人类社会进入可持续发展阶段，人们更加重视垃圾处理对环境的影响。首先，有关填埋场设计和建造的立法规定及相应的排放标准越来越严，这使填埋显得更复杂、更昂贵。公众意识也产生了强大的政治压力，不利于新的填埋场建立。其次，许多新的焚烧设备在建造时必须考虑到烟气和渗滤水的综合处理。目前，新的法律法规都把目标着眼于可以促进环境可持续发展的城市生活垃圾处理，不再侧重于"如何更好地处理不断增加的垃圾"，而是转向"通过措施减少源头产生的垃圾，如果垃圾必须产生，产出量要最小"。也就是说，固废减量甚至无废化，特别是减少其数量和毒性是固废处理的首要原则。其次，为了资源永续利用，物质闭合循环，垃圾处理中必须遵循再回收和综合利用的原则。最后，垃圾处理方式要与环境和谐兼容，不会对环境造成污染。

2. 其他国家

随着人口增长，特别是城市居民数量的增加，农业生产规模需要同步提升，而实现这一目标的方法之一是通过改善农田的施肥来提高产量。但至 18 世纪后期，农用粪便开始普遍短缺，导致农业生产被迫寻找其他施肥材料。而人类和动物的排泄物以及食物残留物可以用作肥料。由于这些垃圾多集中于城市，因此政府开始重视资源循环利用，同时推行收集街道上的泥土以及有机垃圾并统筹收集于固废处理基地内进行处理。在整个欧洲和北美，科学家和学者们均强调城市需要将食物转换为肥料"归还"农田。通过有效地收集散布在城市中的有机材料，也就是回收这些"城市亏欠土地的材料"是确保资源循环可持续、保障粮食生产的唯一途径。

此外，新兴工业的一个重要部分是依赖使用由城市提供的原材料。例如，几个世纪以来，用于造纸的植物残渣就是这种情况。19 世纪，植物残渣的回收利用甚至成为一个战略性的工业问题（生产 1kg 纸需要约 1.5kg 的残渣），故法国从 1771 年开始禁止出口，依次是 19 世纪上半叶起比利时、荷兰、西班牙、葡萄牙等其他国家均相继开始实施。同时，英国和北美因此争夺国际市场，由于其地方资源不足，过度发展工业，迫使他们在不生产

---

① Yun Li，Xingang zhao，Yanbin Li，et al. Waste Incineration Industry and Development Policies in China [J]. Waste Management，2015（46）：234-241.

或生产纸张较少的国家寻找植物残渣①。因此，回收植物残渣成为一种城市公众活动，其原因是城市居民平均比农村居民生产更多的植物残渣。同时，除了城市人口通常更集中之外，还使植物残渣的回收更加有利可图。由于植物残渣回收兴起，纸张产量在 19 世纪上半叶翻了一番。

同样，动物骨骼的工业用途也越来越多，如制造物体、油脂、胶水等。从 19 世纪 20 年代开始，骨骼中的磷被用来制造由摩擦点燃的火柴；动物木炭，则用于提炼消费量不断增长的糖，如法国，从 1788 年的 1kg/（人·年）到 1856 年的近 5kg/（人·年），约是当时英国糖消费量的 3 倍；明胶可用于食物制备，后用于照相机底片。后来，用于农业施肥的过磷酸盐（首先应用于英国和德国，后传于法国）。其他屠宰副产品在蜡烛和后来的硬脂蜡烛、胶水、绳索、梳子等的制造中发现了市场机会①。

当城市的固废管理发展成以回收利用为基础时，这些变化也使整个社会经济和原有的城市固废管理模式受到质疑，迫使政府寻求固废管理的新模式。第一种策略是寻找更偏远的土地进行集中式固废处理，也就是环境园的焚烧与资源循环利用综合的雏形。19 世纪末，法国第二大城市马赛拥有 50 万居民，是法国最后一个遭受霍乱流行的城市之一。因当时无法在其郊区处理污泥和垃圾而堆积在两个垃圾场中，加剧了城市卫生管理风险，即选择位于城市西北约 60km 以外的克劳平原并通过结合重大农业发展项目设置基地。然而，由于化肥的稀缺性和高成本，导致其进展放缓。19 世纪 80 年代，一家私营公司承建了一条铁路线，以处理马赛在这片平原上产生的污泥浆。大约在同一时间，由于蓬勃发展的甜菜种植需要低成本的肥料，因此将巴黎的污泥运送至法国北部进行处理。此外，许多城市采用联合污水处理系统并建成处理基地，同时综合考虑土地价格，使得综合基地选址逐渐远离城市①。

此外，随着法国和美国的"拾荒工业化"，即固废循环利用由传统的街道拾荒向专业处理机构模式转移，从而使得固废循环利用可通过更合理、更有效的方式进行分拣操作。从 19 世纪 80 年代开始，越来越多的工厂旨在为制造商和农民提供经过精心分类和加工的产品。法国南部的尼斯城，这个曾经将垃圾直接丢弃到海里的城市，于 1923 年建造了垃圾分拣厂，开始打捞纸张、纸箱、残渣、软木塞、骨头、各种废金属、锡屑、其他金属、面包和其他食物遗骸进行资源循环利用，通过使用磁铁回收黑色金属并应用带式输送机将垃圾输送至各分拣工人，其他用于生产化肥，固废资源循环利用工艺得到了进一步的改进②。

19 世纪 70 年代，垃圾焚烧处理模式开始在英国进行尝试，垃圾焚烧的巨大优势是其能减少垃圾的体积和重量，并可在城市地区，甚至人口稠密的城市地区建立。事实上，与长途运输至郊区的方案相比，焚烧基地使固废处理更接近收集地点，并降低了服务成本。同时，固废焚烧所产生的能量可被回收且被测试证明是富有成效的，如利物浦，1907 年

---

① M Agnoletti，S Neri Serneri. The Basic Environmental History，Environmental History 4 ［M］. Springer International Publishing Switzerland，2014.

② M Agnoletti，S Neri Serneri. The Basic Environmental History，Environmental History 4 ［M］. Springer International Publishing Switzerland，2014.

焚烧了 53% 的生活垃圾约 174090t，产生的 920 万 kW·h 电力为有轨电车提供动力，焚烧后的灰烬（占焚烧量的 33%）用于制造砂浆、混凝土结构和人行道混凝土板。从那时起，许多固废分拣厂都配备了焚烧炉，只有高价值的材料进行回收（特别是金属），其余均进行焚烧。此外，城市区域供热为固废焚烧提供了新的市场。事实上，这种类型的供暖早在 19 世纪 70 年代就在北美发展起来，后来在德国发展起来。1932 年，在加拿大和美国约有 300 个城市配设了固废焚烧炉[1]。

垃圾处理的发展历程也反映了城市系统和物质流动的线性化——工业化与资源循环利用之间的转化，即从工业加工到城市居民消费。这些步骤中的每一步都会产生一系列废料，直到最终的固废处置。然而，在第一个工业时代，缺乏合成肥料和某些工业制造业流程相关的化石原料知识，例如纸张、蜡烛、染料等的制造，也一定程度上降低了垃圾的产生。当时社会的资源循环利用是部分封闭的，因为城市产生的大多数垃圾甚至工业副产品对农业和工业生产的需求都很重要。因此，在第二次工业革命期间，垃圾被意识到是与生活水平和发展水平的提高相伴生的重要物质。如 1960～1970 年的环境危机，以及后来臭氧层的消耗、气候变化和可持续发展概念的出现，使得人们重新考虑并重视固废处理的问题。垃圾开始成为消费社会有害影响的象征。尽管对垃圾处理产生了新的看法，但对垃圾处理的模式并没有很大改善。

固废处理模式的发展历史反映了垃圾产生的社会发展历史，以及与环境的关系和在此过程中所调动资源的关系。曾经的废弃物现在可能不再被认为是垃圾，而今天的垃圾在过去可能也正好相反。如 150 年前，牡蛎壳是一种享有盛誉的肥料，而现在它们的最终归宿不仅仅是进入垃圾箱、垃圾填埋场、焚烧炉，更可"变废为宝"，通过循环利用产生新的产品与能源供给。

1.2.5　环境园的发展历程与展望

垃圾处理问题关乎不可再生资源和我们赖以生存的地球环境。仅通过限制垃圾规模而进行回收已远不可满足当下诉求。应通过形成闭环，并通过再循环和再利用，限制源头的资源开采，并在生态产业和地域生态的驱动下，对社会及全社会看待固废处理的方式进行深刻的改革。环境园作为各类固废处理的综合协同、集约统筹、系统循环、生态友好的"城市静脉基地"应运而生。以下就我国以及国外"环境园"发展历程与未来展望展开介绍。

1. 中国

第一阶段，环境园概念与规划理念的提出。我国"环境园"的概念首次于 1996 年《深圳市环境卫生设施总体规划（1996—2010）》修编时提出[1]。深圳市作为中国改革开放的前沿城市，在很多领域引领着国内的发展潮流，在垃圾处理方面亦是如此。深圳相继建成清水河环境园、老虎坑环境园、坪山环境园、白鸽湖环境园四大环境园。然而，此阶段环境园的规划理念为技术路径阶段。该阶段的主要特点为：就园区论园区。仅从城乡规划

---

① 韩刚团，丁年. 环境园详细规划编制探讨——以深圳市坪山环境园详细规划为例 [J]. 规划师，2011，27（9）：108-112.

编制体系出发，以"设施选择－规模预测－用地布局"为主要规划环节，将"初期处理、焚烧发电、卫生填埋、生物处理、综合利用"等诸多固废设施集中排布，形成固废处理综合基地。这种纯技术规划路径的主要问题在于：环境园仅承担垃圾处理职能，疏于对固废设施规划建设影响因素的识别与分析，以及更为重要的设施后续运营对周边环境的影响研究，使得环境园建设时常面临所在区域及周边居民反对的境遇，影响固废设施顺利建设落实。

第二阶段，环境园的发展开始以垃圾焚烧电厂为核心，聚焦固废处理相关行业，相较"工业共同体"时期，园区内的上下游产业链延伸得更加丰富和广泛，聚集的企业更多，产业类型更加丰富，开始向资源循环利用方向侧重。此阶段的园区规划理念进入了多元融合阶段：在遭遇了规划的纯技术方法所带来的固废设施无法落实的困境后，环境园规划在编制阶段开始注重提前介入对设施建设可能带来的风险的分析，同步展开包括安全影响、环境影响、社会影响等在内的多方面评估，作为规划的前置条件或考虑因素；并注重在规划技术中融入经济、生态、环境、景观等理念与方法；同时，着重关注后续建设运营的可行对策研究。该阶段相对于"技术路径阶段"，无论是规划理念还是技术方法均有了较为全面的提升，在较大程度上保障了园区的顺利建设。但是，对环境园的规划思路还囿于被动式接受与协调阶段，难以确保园区后续运营的持续性与成长性。

第三阶段，环境园继续围绕垃圾焚烧电厂发展，进入以技术创新为引领的综合发展阶段，产业链更加丰富。其规划理念进入特色突出的阶段，即立足固废设施规划基础，探寻将固废设施与城市功能、市民生活相关联的可能性。探索"固废＋"概念及路径，依托环境园所在区域特点，分析识别并深入挖掘经济、社会、文化要素，结合园区资源特色，与区域城乡规划同步并差异化延伸自身功能，主动承担城乡发展功能，构建自身特色。环境园的各项功能板块随着经济与科技发展，逐步丰满并构建全新的规划理念，同时，主动考虑如何定位与城乡同步发展，积极挖掘自身资源禀赋，探寻环境园发展新路径，融入区域城乡发展序列，开启固废处理工作新格局。2019 年规划的深汕合作区生态环境科技产业园[①]，是环境园进一步发展变革的典型范例，即规划构建集合传统固废处理设施、静脉循环利用设施、研发会议培训、科普宣教、上下游生态环保产业、生态休闲游憩娱乐、文化保护等为一体的生态环保绿谷。通过建设环境园以破解垃圾处理难题的同时，既可有效高度集约用地、最大化土地资源价值，同时又可以通过营造良好的园区环境和氛围，增加社会公益回馈功能，如休闲娱乐与宣教空间，助力提升大众环保意识和素养，打造生态环保"主题公园"，从而改变人们对垃圾及垃圾处理场所的固有厌恶观念，将固废处理设施的传统"邻避"效应向"邻利"转变。

深圳"环境园"持续的固废处理综合基地模式创新实践引起了国内众多城市的关注与学习，许多城市包括北京市、上海市、重庆市、南京市、中山市、珠海市、长沙市等相继建设环境园，均取得了良好的社会、经济、环境效益。

---

① 深圳市城市规划设计研究院. 深汕特别合作区生态环境科技产业园概念规划［Z］. 2019.

2. 其他国家

国外所谓的"环境园"，实质多为工业产业园或为使不同企业环环相扣而形成的工业共生循环系统，即"初代环境园"。如 20 世纪 60 年代建设的，以燃煤电厂、煤油厂、制药厂和石膏制板厂为核心的丹麦卡伦堡工业园①，其利用电厂产生的废气蒸汽为炼油厂和制药厂提供工业蒸汽，并将粉煤灰和飞灰进行回收利用，分别提供给水泥厂和土壤修复公司使用。

20 世纪 90 年代至 21 世纪初，"环境园"以垃圾焚烧电厂为核心，聚焦固废处理相关产业的工业园区并配套部分服务功能，如加拿大 Burnside 工业园、瑞典马尔默生态工业群等。

目前，此类园区的发展逐渐强化研发创新等功能，园区产业生态链与配套服务设施更加丰富，并关注社会民生增设公益福利等功能板块，如日本北九州生态工业园主要产业以钢铁、科学、机械、矿业与信息产业为主，园区配套生活垃圾、餐厨垃圾、污染土壤净化、汽车拆解、建筑废弃物、医疗废弃物、大件垃圾等固废处理设施，同时注重政府引导与公众参与、产学研相结合，并对市民开放参观园区进行生态工业园展示。其发展历程如表 1-1 所示。

"环境园"发展历程一览表　　　　　　　　　　　　表 1-1

阶段	第一阶段 （20 世纪 60～90 年代）	第二阶段 （20 世纪 90 年代～21 世纪）	第三阶段 （21 世纪至今）
发展特征	功能简单的循环经济产业园；20 世纪 60 年代，西方发达国家产生了以企业之间交换废物、降低成本为目的，自发演化而来的工业共同体，园区形成生态产业链，其功能以生产制造为主，功能单一	技术进步，规模扩张，功能延伸发展；随着资源短缺和环境问题，资源循环利用成为全球热点，产生了以垃圾焚烧电厂为核心、聚焦固废处理相关产业的工业园区，产业链向上下游延伸，园区衍生发展出简单的生产服务功能（如物流、仓储）及生活服务功能（如宿舍、商业）等	技术创新引领、功能复合的创新园区；研发创新的功能逐渐强化，技术创新成为园区持续技术进步、保持领先水平的驱动，产业生态链更加复杂，生产和生活配套更加健全完整，并增加了回馈城市居民的主题公园等福利设施
代表性产业园	丹麦卡伦堡工业园	加拿大 Burnside 工业园、瑞典马尔默生态工业群、英国萨瑟克工业园、印度贝古吉特拉邦工业区等	日本北九州生态工业园、美国卡查尔斯岬生态园、美国卡布朗斯维尔生态工业园、英国贝丁顿生态社区、阿联酋零碳城马斯达尔城
主导功能	生产制造为主	生产制造、生产服务、生活服务等	生产制造、生产服务、生活服务、创新研发、试验中试、生态回馈等

---

① 循环经济发展圣地——丹麦卡伦堡生态工业园区实践与经验［R］. https://baijiahao.baidu.com/s? id=1735125527969420693&wfr=spider&for=pc. 2022.

全球最生态的工业园——丹麦卡伦堡生态工业园［R］. https://wenku.baidu.com/view/00971dac29160b4e767f5acfa1c7aa00b42a9dfb.html.

日本北九州生态工业园简介［R］. https://wenku.baidu.com/view/524a52c3e309581b6bd97f19227916888486b966.html.

罗朝璇，童昕. 垃圾再生瑞典马尔默的"零废弃"经验［J］. https://wenku.baidu.com/view/d1b03b06463610661ed9ad51f01dc281e53a56eb.html.

3. 对未来固废处理及环境园的展望

未来的固废及其处理发展方向，特别是环境园的规划构建宜具备以下几个特征：

（1）园区功能多元化

未来环境园的规划建设应充分借鉴国际先进技术与发展经验，结合本地优势条件，以创新为引领，集生产、服务、生活回馈、游憩等多功能多元复合，与城市高度融合，形成绿色、生态、可持续的环境友好综合园区。

（2）产业发展集群化

园区内所引入的产业应"精专"，即不求全，但求精。需根据当地及周边区域实际以及未来发展趋势明确园区的产业主导类型与特色，做大规模、强化品质、突出集群、延伸链条、提升价值。

（3）服务配套优质化

园区作为固废处理本垒，应结合固废处理与资源循环利用的核心特质，引申相关、相宜、相辅相成的园区产业与服务配套，重点面向环保产业提供产业吸引、培育、孵化所需的土地、金融、科技、文化、人才、休闲、娱乐等全套服务。

（4）空间开发特色化

伴随城市品质的不断提升，固废处理园区更应主动摒弃并扭转变革传统"厌恶""邻避"观念与固有印象，关注空间环境的和谐与融合，因地制宜地进行创新突破，做到明晰定位、突出主题、彰显特色、提升品质，将园区打造成为空间独特、尺度层次丰富、品位独特的"主题公园"。

第 2 章　环境园规划体系

2.1　环境园规划的定位与作用

2.1.1　国土空间规划体系概述

国土空间规划是国家空间发展的指南、可持续发展的空间蓝图，是各类开发保护建设活动的基本依据。目前，全国统一、相互衔接、分级管理、责权清晰、依法规范、高效运行的国土空间规划体系已基本形成。

国土空间规划体系的"四梁八柱"，可概括为"五级三类四体系"的构架（图 2-1）。从规划层级来看，国土空间规划分为"五级"，其是指从纵向看，对应我国的行政管理体系，即国家级、省级、市级、县级、乡镇级。从规划内容类型来看，国土空间规划分为"三类"，其是指规划类型，分为总体规划、详细规划、相关专项规划。从规划运行方面来看，国土空间规划包括"四个体系"，即规划编制审批体系、实施监督体系、法规政策体系、技术标准体系。

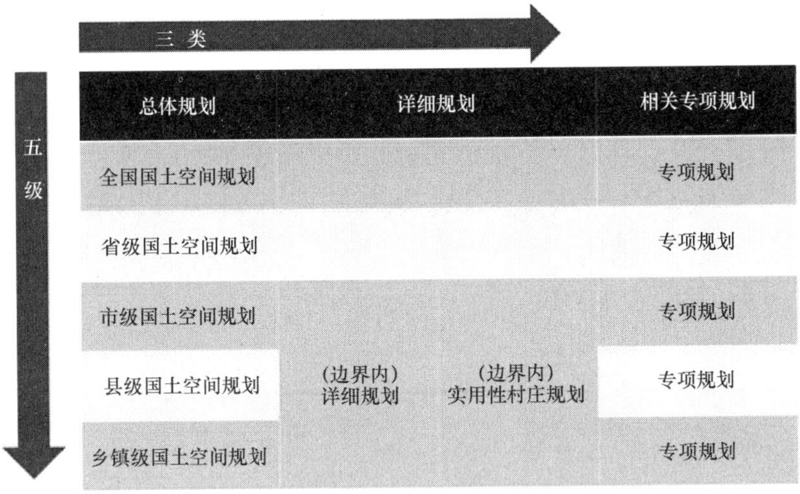

图 2-1　国土空间规划"五级三类"

从分级上看，全国国土空间规划是对全国国土空间作出的全局安排，是全国国土空间保护、开发、利用、修复的政策和总纲，侧重战略性，由自然资源部会同相关部门组织编制，由党中央、国务院审定后印发。

省级国土空间规划是对全国国土空间规划的落实，指导市县国土空间规划编制，侧重协调性，由省级政府组织编制，经同级人大常委会审议后报国务院审批。

市县和乡镇国土空间规划是本级政府对上级国土空间规划要求的细化落实，是对本行政区域开发保护作出的具体安排，侧重实施性。需报国务院审批的城市国土空间总体规划，由市政府组织编制，经同级人大常委会审议后，由省级政府报国务院审批；其他市县及乡镇国土空间规划由省级政府根据当地实际，明确规划编制审批内容和程序要求。各地可因地制宜，将市县与乡镇国土空间规划合并编制，也可以几个乡镇为单元编制乡镇级国土空间规划。

从分类上看，总体规划强调的是规划的综合性，是对一定区域，如行政区全域范围涉及的国土空间保护、开发、利用、修复作全局性的安排。

详细规划是对具体地块用途和开发建设强度等作出的实施性安排，是开展国土空间开发保护活动、实施国土空间用途管制、核发城乡建设项目规划许可、进行各项建设等的法定依据。在城镇开发边界内的详细规划，由市县自然资源主管部门组织编制，报同级政府审批；在城镇开发边界外的乡村地区，以一个或几个行政村为单元，由乡镇政府组织编制"多规合一"的实用性村庄规划，作为详细规划，报上一级政府审批。

专项规划是指在特定区域（流域）、特定领域，为体现特定功能，对空间开发保护利用作出的专门安排，是涉及空间利用的专项规划。国土空间总体规划是详细规划的依据、相关专项规划的基础；相关专项规划要相互协同，并与详细规划做好衔接。专项规划强调的是专门性，一般由自然资源部门或者相关部门组织编制，可在国家级、省级和市县级层面进行编制。涉及空间利用的某一领域专项规划，如交通、能源、水利、农业、信息、市政等基础设施，公共服务设施，军事设施，以及生态环境保护、文物保护、林业草原等专项规划，由相关主管部门组织编制。不同层级、不同地区的专项规划可结合实际选择编制的类型和深度。专项规划作为落实国土空间总体规划的重要技术支撑，在完善国土空间规划体系和解决某一类若干专门问题上具有重要作用，是深化和落实总体规划的一项重要工作。它与详细规划一起构成落实国土空间规划、指导国土空间建设和生产的重要依据。

2.1.2 环境园规划的地位与作用

环境园规划是现今城市规划中不可或缺的专业规划，在上层次国土空间规划的安排和综合部署下，与城市规划中的其他各项专业规划密切相关，其编制应与城市总体规划同步进行并同步实施。

2.2 环境园规划编制任务及规划层次

2.2.1 编制任务

环境园规划的主要任务是落实市级环境卫生设施专项规划，将相关城市规划与"固废处理技术"相结合，通过园区性质的载体将多类多项的固废处理设施系统性地规划运行管理于统一、和谐、美化的界面，并尽可能为周边居民创造宜人的公共活动空间乃至打造成当地的特色地标与宣教科普生态体验基地，使其与城市界面达成协调一致，消除"邻避效应"，改变民众对固废处理设施厌恶的固有观念；是深化、落实上层次环卫设施系统布局规划下技术层面的专项规划并为指导环境园落地建设的蓝图，主要工作包括：入园固废处理项目的选择与特性分析、固废处理模式的选择与规模预测、规划布局与指标控制、生态建设与污染防治、风险评估与规划指引、实施保障与行动计划等。

2.2.2　规划层次

本项目是深化、落实市区级环境卫生设施专项规划下的技术层面的专项规划，是指导环境园建设的蓝图。因此环境园规划层次属于详细规划层次，具体可分为控制性详细规划和修建性详细规划两个阶段。

环境园控制性详细规划，以落实市区级国土空间规划、环境卫生专项规划的相关要求，确定园区内主导功能与配套功能的规模预测、处理模式选择、工艺流程组织、空间布局、园区指标选取、地块控制指标设置、生态建设与污染防治、实施计划与保障等。

环境园修建性详细规划，在编制园区控制性详细规划的前提下，针对园区重要的片区、近期要开发建设的地块进行详细设计，确定拟建地块的设施布置总平面、建筑面积、容积率、建筑层高、地块出入口等，并对建设的具体要求进行详细研究，是规划范围内设施建设工程设计的直接依据。

2.3　环境园与相关规划的关系

2.3.1　与各层次规划的关系

环境园控制性详细规划、修建性详细规划两个层面的相互关系是逐层深化、逐层完善的，是上层次指导下层次的关系，即环境园控制性详细规划是修建性详细规划的依据，起指导作用；而修建性详细规划是对控制性详细规划的深化、落实和完善。同时下层次规划也可对上层次规划不合理的部分进行调整，从而使规划的详细方案更具合理性、科学性和可操作性。

环境园规划与城市详细规划相匹配，从本专项系统角度对城市详细规划的布局提出调整意见和建议。同时依据上层次专项规划和城市详细规划确定的用地布局，具体布置规划范围内的所有设施，明确各设施的用地红线坐标，提出相应的设施建设技术要求、管理运营要求和实施措施。

2.3.2　编制内容、程序与成果形式

1. 工作程序

环境园规划一般包括前期准备、现场调研、规划方案、规划成果 4 个阶段（图 2-2）。

前期准备阶段是项目正式开展前的策划活动过程，须明确委托要求，制定工作大纲，其内容包括技术路线、工作内容、成果构成、人员组织和进度安排等。

现状调研阶段工作主要指掌握规划区及周边区域现状自然环境、社会经济、城市规

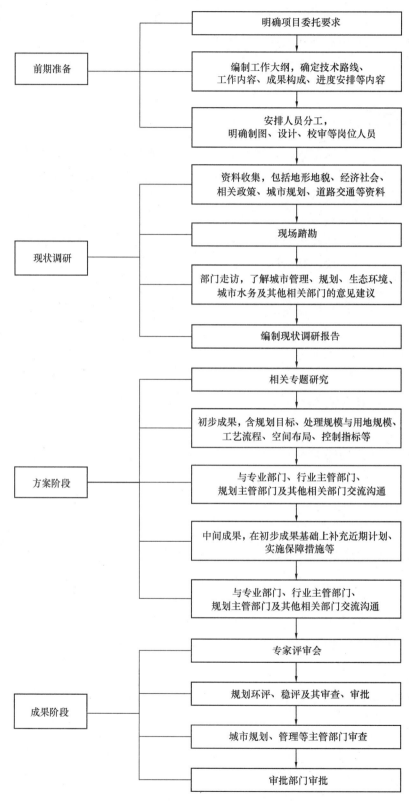

图 2-2 环境园规划工作流程框图

划、相关政策的情况，收集城市管理主管部门、环境保护主管部门、城市水务主管部门、规划主管部门、国土主管部门、交通主管部门和其他相关政府部门、电力公司、水务公司等相关企业的发展规划、近期建设计划及意见建议。工作形式包括现场踏勘、资料收集、部门走访和问卷调查等。

方案阶段主要分析研究现状情况和存在问题，并依据城市发展和行业发展目标，开展入园固废处理项目的选择与特性分析、固废处理模式的选择与规模预测、规划布局与指标控制、生态建设与污染防治、风险评估与规划指引、实施保障与行动计划等系列工作。期间应与城市管理主管部门、环境保护主管部门、城市水务主管部门、规划主管部门、国土主管部门、交通主管部门和其他相关政府部门、电力公司、水务公司等企业等进行充分沟通协调。

成果阶段主要指成果的审查和审批环节，根据专家评审会、城市管理与规划部门联合审查会、审批机构审批会的意见对成果进行修改完善，完成最终成果并交付给委托方。

2. 编制主体

环境园规划一般由城市规划主管部门、城市管理主管部门单独组织编制或联合组织编制。

3. 审批主体

环境园详细规划一般由所在市的城乡规划管理部门审批。

4. 成果形式

规划成果包括规划文本和附件，规划文本是对规划的各项指标和内容提出规划控制要求或提炼规划说明书中重要结论的文件；附件可包括规划说明书、规划图纸、现状调研报告和专题报告；其中现状调研报告和专题报告可根据需要编制。

第 2 部分

规划思路与
方法篇

第3章 环境园规划任务与用地分类

3.1 工作认识与相关界定

3.1.1 工作认识

1. 对垃圾问题的认识

垃圾问题和水问题一样,也是城市重要的生命线问题,决定了城市命运。如果不处理好垃圾问题,垃圾围城不仅影响城市的市容市貌,也将严重威胁城市的发展。

"垃圾围城"在国内外很多城市上演过,意大利的那不勒斯曾经就爆发过垃圾危机,不仅影响当地人民的生活,而且还转变成政治事件,并出动军警上街清运垃圾,使意大利国家形象受损。垃圾危机是当代社会需要重视的一个重要问题。

2. 环境园规划项目的特点

环境园规划最重要的在于强调规划的专业性与系统性,在梳理和协调已有规划成果的相互关系、整合资源的基础上,在技术层面解决环卫设施落地问题,做好作为"城市公厕"的净化、美化、优化工作,实现环境园与城市的和谐共处。

3.1.2 环境园规划的层次定位

环境园规划应是在环境卫生设施专项规划下"相关的城市规划"与"垃圾处理技术"的结合,是在环境园界面和城市界面的协调与和谐。

简言之:环境园是深化落实环境卫生设施专项规划下的技术层面的专项规划,是指导环境园建设的蓝图。

3.2 工作任务及工作内容

3.2.1 工作任务

1. 规划控制范围

指拟开展规划的环境园的规划范围及周边可能受影响的范围。

2. 规划期限

指规划的起止年份,作为基础资料收集与规划预测及展望的依据。

3. 规划对象

环境园内拟布置的各种垃圾处理及相关设施。

4. 规划目的

协调矛盾，落实用地，合理布局设施，促进园区内外和谐。

3.2.2 工作内容

从环境园内涵出发，提出基本规划内容，在具体规划的编制过程中，可结合环境园规划与管理的实际需求、风土人情、自然气象、基地情况增加相应的内容，以契合规划区的特点（图 3-1）。

1. 目标确立与标准选择

主要是指环境园的规划建设目标的确立与设施处理及管理标准的选择。

2. 案例借鉴与模式分析

主要是指国内外先进案例的借鉴与垃圾处理模式的分析研究。

3. 项目选择与规模预测

主要是指进入环境园的垃圾处理项目的选择、垃圾处理量及设施用地规模的预测。

4. 特性分析与工艺研判

主要是指进入环境园的处理垃圾的具体特性及相关配套要求，研判应采用的适合的处理工艺及流线组织。

5. 规划布局与控制体系

主要是指对环境园内处理设施及其配套设施的空间布局、用地及环保控制指标的制定。

6. 生态保护与污染防治

主要是指生态保护重点的研判与研究确定需采用的保护措施、可能出现污染类型的分析及其针对性防治措施的制定。

7. 风险评估与规划指引

主要是指对环境园是否建设、运营期间的社会风险进行评估研判，并根据评估结论，制定环境园周边建设指引，引导周边合理发展，实现可持续发展。

8. 区域协调与公益回馈指引

主要是指对环境园与周边片区的空间、用地、产业功能的协调，在产城融合背景下，可根据规划片区的定位及要求，提出公益回馈的具体方案。

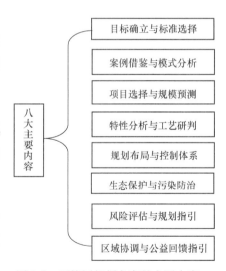

图 3-1　环境园规划方案的主要内容

3.3　环境园用地分类标准的制定

3.3.1　编制缘由

国家及地方制定的一系列规划技术规范和标准是指导城市规划编制和管理的重要

依据。

2018 年 5 月，住房和城乡建设部组织起草了国家标准《城市用地分类与规划建设用地标准（修订）（征求意见稿）》GB 50137 并公开征求意见。在《城市用地分类与规划建设用地标准（修订）（征求意见稿）》GB 50137 中，撤销了"环保设施用地（U23）"，并归入"环境卫生设施用地（U22）"。归并后，其内容范围为：生活垃圾、医疗垃圾、危险废物处理（置），以及垃圾转运、公厕、车辆清洗、环卫车辆停放修理等设施用地。

根据环境园的定义"将分选回收、焚烧发电、高温堆肥、卫生填埋、渣土受纳、粪渣处理、渗滤液处理等诸多处理工艺的部分或全部集于一身的环卫综合基地"，环境园的用地应属于垃圾处理用地（U22）的范畴，但因环境园的详细规划中将根据处理工艺和流程对不同的处理设施用地进行细分，现有的国家《城市用地分类与规划建设用地标准》GB 50137—2011 已无法满足编制需要，故需完善用地分类标准。

3.3.2　编制目的

为了体现环境园的设施类型的特殊性及用地布局的特殊要求，针对《城市用地分类与规划建设用地标准》GB 50137—2011 和《城市用地分类与规划建设用地标准（修订）（征求意见稿）》GB 50137 中缺乏对环境卫生设施（特别是垃圾处理）用地的细分的实际情况，本着在尊重规范及标准的前提下，结合项目实际进行创新尝试，给出"环境园用地分类与标准"的建议，以便在指导本规划工作的同时，为国内同类规划提供参考。

近年来，住房和城乡建设部陆续发布了大量的环境卫生设施建设标准、设置标准、技术规范、技术规程等，极大地规范了专业技术设计、施工和运行工作。在环境卫生设施规划设计方面虽有所进步，但由于环境园的规划无规范可依，其规划编制的合理性及操作性存在着不同程度的问题。因此，针对环境园规划需求，在环境卫生设施事业发展的现实情况下，结合环境卫生行业标准和城市规划法规的要求，编制"环境园用地分类与标准"体系，满足环境卫生设施规划编制和管理的需求，以提高环卫规划设计的科学性、适用性、先进性。

3.3.3　编制依据

环境园用地分类与标准编制的主要依据是《中华人民共和国城乡规划法》《中华人民共和国环境保护法》《中华人民共和国固体废弃物污染环境防治法》《城乡规划编制办法》《城市环境卫生设置标准》《城市环境卫生设施规划指南》及相关设施的工艺流程及设计规范等。

3.3.4　环境园用地分类与标准

环境园用地分类分为 2 个中类、4 个小 I 类，16 个小 II 类，涵盖环境园内各类处理设施用地及配套设施用地。具体用地分类与标准如表 3-1 所示。

环境园用地分类与标准一览表　　　　表 3-1

类别代号					类别名称	范　围	色号
大类	中类	小类	小Ⅰ类	小Ⅱ类			
					市政公用设施用地		
	U2				环境卫生设施		
		U21			排水用地	雨水泵站、污水泵站、污水处理厂、污泥处理厂等设施及其附属的构筑物用地，不包括排水河渠用地	
					环卫用地		
					生活垃圾处理用地		
			U22ⅰ	U22ⅰ1	生活垃圾转运用地	对居民生活及工商业垃圾进行运输工具转换的场所用地	174
				U22ⅰ2	水上环境卫生工程设施用地	对居民生活及工商业垃圾或粪渣进行水陆转运的场所用地	144
				U22ⅰ3	粪渣处理用地	对粪渣进行无害处理的场所用地	124
U		U22		U22ⅰ4	生活垃圾卫生填埋用地	对居民生活及工商业垃圾进行防渗、导排等处理后填埋的场所用地	181
				U22ⅰ5	生活垃圾焚烧用地	对居民生活及工商业垃圾进行焚烧等处理的场所用地	71
				U22ⅰ6	焚烧底渣填埋用地	对生活垃圾、污泥等焚烧产生的焚烧底渣或对其循环利用后填埋的场所用地	181
				U22ⅰ7	生活垃圾堆肥用地	对居民生活及工商业垃圾进行堆肥等处理的场所用地	65
				U22ⅰ8	其他生活垃圾处理用地	对其他生活垃圾进行处理的场所用地	43
			U22ⅱ		建筑垃圾处理用地		
				U22ⅱ1	弃土处理用地	对单位或个人在其各类施工过程中产生的弃土进行处理的用地	54
				U22ⅱ2	弃料及其他废弃物处理用地	对单位或个人在其各类施工过程中产生的弃料或其他废弃物进行处理的用地	64
				U22ⅱ3	建筑垃圾填埋用地	对城市建筑垃圾（余泥渣土）进行填埋处理的用地	185
			U22ⅲ		危险废弃物处理用地		
				U22ⅲ1	医疗废弃物处理用地	对医疗卫生机构所产生的医疗废弃物进行储存和处置的场所用地	35
				U22ⅲ2	工业危险废弃物处理用地	对工业危险废弃物进行处理的场所用地	111
				U22ⅲ3	危险废弃物填埋用地	对危险废弃物进行填埋处理的用地	184

类别代号					类别名称	范　围	色号
大类	中类	小类	小Ⅰ类	小Ⅱ类			
U		U22	U22ⅳ		污泥处理用地		
				U22ⅳ1	污水污泥用地	对污水处理厂所产生的污泥进行处理处置的用地	134
				U22ⅳ2	其他污泥用地	对除污水处理厂所产生的污泥外，河道、航道等其他污泥进行处理处置的用地	244

第 4 章 环境园规划思路与框架

4.1 规划原则及规划思路

4.1.1 规划原则

1. 环保优先原则

作为环保项目，必须首先实现园区内的"环保"，科学规划布局，制定建设项目周期全流程，采用先进工艺，使生活垃圾焚烧污染达标排放，尽可能降低或消除对园区外的影响，实现环境园与城市的和谐共处。

2. 产业引领

营建环境园突破自身专业限制，积极融入区域发展的前沿平台，科学、合理地构筑契合环境长久发展的生态环保技术，并积极培育，使之成为环境园的重要内涵与绿色名片。

3. 循环经济原则

贯彻减量化、再利用、再循环原则，合理选择各种废弃物的处理工艺，科学安排各处理设施的空间布局，注重废弃物的回收与循环利用，有利于提高资源利用效率、延长环境园使用年限，有利于生态环境保护。

4. 综合协调原则

为确保环境规划目标的实现，须加强用地、景观、游览、生态、城市设计、环卫及其他配套等多专业、多角度的协同规划。提倡建筑"去工业化设计"，打造环境园内的建筑富有艺术性、宜人、优美、时尚、有文化内涵的建筑空间及环境。

5. 弹性控制原则

用地要考虑近远期不同阶段的设施容量与用地规模，留足弹性。根据城市不同发展阶段的环保目标，考虑技术升级等因素，确定各设施的控制指标要求。

6. 系统推进原则

环境园作为一个有机的环卫处理综合园区，必须在整体规划的基础上，逐步系统推进关联性的处理设施建设，确保园区的可持续发展。

4.1.2 规划思路

规划构思结合环境园的特征与要求、城市规划设计的要求，遵从先进的理念，提出六点环境园用地规划模式：

（1）应用循环经济理念，创建垃圾处理新模式。循环经济（Cyclic Economy）即物质闭环流动型经济，基于循环经济理念，遵守我国的《中华人民共和国固体废物污染环境防

《治法》提出的"三化"原则：减量化、无害化、资源化，提出创建垃圾处理新模式。

（2）采用先进工艺，在实现垃圾处理"三化"的同时，降低污染与能耗、地耗，实现环保目标。

（3）应用生态规划理念，打破市民对原有环境园脏、臭的刻板印象，构建生态安全型、环境友好型的园区。

（4）应用用地规划布局原则，系统组织进入园区的环保产业，科学布局产业用地。

（5）应用景观设计手法，打造景观优美型园区。

（6）制定有效保障措施，确保实施顺利、平稳，规划可持续发展的生态环境园。

4.1.3 技术路线模型

以问题导向与目标导向双路径，作为推进环境园规划的技术路线，形成"一图一库"的建设管理模式、近期建设规划和具体项目校核机制，形成科学合理的技术与管理闭环（图 4-1）。

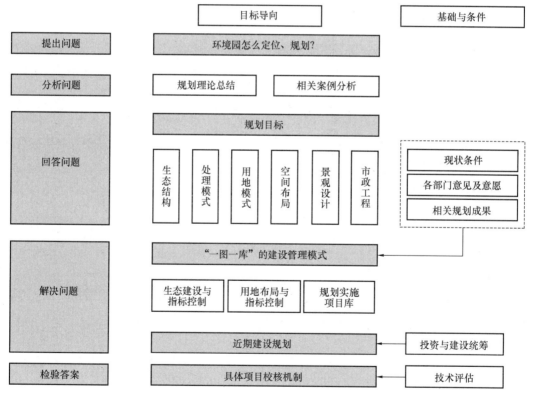

图 4-1 环境园用地规划方案技术路线

第 5 章　环境园规划内容

5.1　项目选择与规模预测

5.1.1　入园项目选择

1. 项目筛选原则

（1）落实上层次规划要求，如涉及上版规划，需着重进行研判；

（2）落实相关专项规划内容；

（3）园区项目应考虑规划项目内容以及各建设项目配套设施需求；

（4）按照循环经济型垃圾处理模式配套相关资源化、减量化设施；

（5）园区应根据环卫发展需要配套相关设施。

2. 主要影响因素

环境园是将各类处理设施与配套设施形成有机联系，进行统筹考虑从而构建的一个整体协同系统。由此，入园项目的选择与确定亦需重点考虑以下影响因素：首先是规划环境园在本地、本区域环卫处理工作中所承担的职能；其次，环境园所处地区以及周边环卫处理的现实需求及未来发展情况；此外，亦需考虑已有设施的处理能力、缺口需求及环卫处理工艺流程，以保证入园项目的合理性与协调性。

3. 选取项目的确定

根据以上项目设施选取原则及影响因素，项目选取应在落实相关规划内容的基础上，整合城市发展的新需求与新情况，根据园区的处理对象种类和特性，明确增加相应的配套设施，并按照循环经济型处理工艺流程与实际需要综合确定，并根据环卫发展需要配套相关资源化、减量化设施。

5.1.2　项目的发展规模预测

入园固废量需根据固废产生规模预测，结合环境园固废处理设施项目处理能力、园区定位、服务半径及固废来源与输送条件等进行综合研判预测，以下就环境园处理的主要固废类别、入园固废量预测期限与原则、预测依据与方法等进行阐述解析。

1. 环境园主要固废处理类别

环境园的固废处理主要针对城市地区所产生的固废，根据相关规范，将城市固废定义为：在城市内所产生的各种固体垃圾。按产生源的不同，城市垃圾一般可分为生活垃圾、餐厨垃圾、建筑垃圾、危险垃圾、城市污泥及粪渣等，如图 5-1 所示。

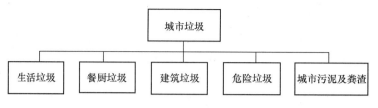

图 5-1　城市垃圾分类图

2. 预测的期限

环境园各项目的规模预测期限应重点考虑其长远发展，在采纳或参照相关专项规划规模的基础上，须以近、中期为测算目标，并对远期发展规模进行估算，以便预留弹性，从而助力城市可持续发展。

3. 预测的原则

各设施处理规模的预测应在确保园区内各固废处理设施常态化运行下，在可承担固废处理量的基础上，保有合理的余量，以确保设施安全平稳运行，并考虑设施的设计规范要求，确定合理的处理规模。

4. 预测的依据及方法

环境园主要承担当地甚至周边区域的城市固体垃圾处理的处置功能。在预测年限方面，则以近期为基础，对远期进行展望。同时，为应对不可预见因素的影响，环境园的生活垃圾处理规模需结合所服务地区生活垃圾远期产生量并预留弹性增量。在此基础上，需同时将周边其他城市的固废产生量纳入应急处理的考虑范畴并预留相应的弹性增量。另外，当地及周边区域的产业发展策略决定了除生活垃圾以外其他城市垃圾较难预测的情况，需对其近、中期和远期生活垃圾产生量进行合理预测。

同时，需根据当地政府环卫部门提供的近十年固废产量及增长率进行分析计算，结合环境园所处区域规划的定位和发展，并衔接各相关专项规划。此外，环境园规划须首先确定当地近期固废增长率，同时需考虑该区域经济产业结构的优化和调整，以及人口增长趋势，从而综合确定近、中期每年的日产垃圾量、年产垃圾量及垃圾增长率；再者，应结合国家对全国城市近年来的垃圾增长率统计以及当地与周边片区的垃圾增长率情况，确定远期每年的日产固废量、年产固废量及固废增长率，并据此预测环境园各年的城市固废接收量。

由于固废清运量统计值与实际垃圾产生量常存在偏差，故在预测计算时，应以当地现状统计的固废产生量为计算基准。对近期的入园固废处理规模数据应主要依据相关专项规划预测；而远期规模的预测，则应结合增长规律，根据上层次规划对远期规模进行估算。首先应采用平均增长法预测固废产生量，再通过人均指标法线性回归分析对预测结果进行检验，以增强预测的准确性。

5. 入园主要固废类别处理量预测方法

入园固废量应以当地及周边垃圾规模预测为基础，结合环境园固废处理设施项目处理能力、园区定位、服务半径及固废来源与输送条件等进行综合研判预测。以下对入园主要固废类别处理规模的预测方法进行介绍：

（1）生活垃圾

鉴于普通工业垃圾与生活垃圾共同收运、处理，因此环境园规划定义的生活垃圾中也可能包括了进入生活垃圾收运系统的普通工业垃圾。

按平均增长法预测：应根据以上垃圾增长率分析，确定当地近、中、远期垃圾增长率的平均值。分析确定各年生活垃圾增长率与城市垃圾增长率是否吻合，据此预测出近、中、远期每年的垃圾产生量。

按人均指标法预测：城市生活垃圾的产生量主要与人口、经济发展水平、居民收入等因素有关，且与城市经济发展有直接紧密的联系，通过对比与区域条件相似的国内外地区的经济发展状况所对应的人均垃圾产量的同时，须根据当地经济与社会发展规划，参照该区域近、中、远期的生产总值、五年平均增长率及人均生产总值，并考虑区域人口规模的难以预测性，建议将预测结果的平均值适当放大。参照环境园所在区域的人均生活垃圾产量以及近期人均生活垃圾产量指标进行预测；通过估算中期区域人均生产总值，得出人均生活垃圾产生量。此外，可参考国外经验，如：当人均生产总值达到 2 万美元以后，人均生活垃圾产生量将不再增加。此外，应根据当地发展规划，参考规划人口，综合进行垃圾产量预测，以得出近、中、远期垃圾产生量。进而对以上预测方法得出的结果进行比较，若采用两种方法预测生活垃圾产生量的结果很相近，则推荐以人均指标法预测结果为准。

（2）餐厨垃圾

餐厨垃圾处理设施的规模预测应根据当地及周边地区的环卫相关规划，结合人口规模及人均日产生量，考虑市场回收、分类收集管理等因素进行综合研判，确定入园处理规模。

（3）建筑垃圾

建筑垃圾处理设施的规模预测应根据当地及周边地区的建筑垃圾处理相关规划，结合其他规划建设的建筑垃圾综合利用设施，预测确定环境园的建筑垃圾综合处理规模。另外，由于建筑垃圾产生量与具体的工程建设密切相关，其远期产生量具有不确定性，因此应适当预留远期处理需求的弹性。

（4）大件垃圾

由于大件垃圾随机性较大，预测难度较大，建议以落实相关规划要求为主，同时参考当地大件垃圾的历史统计数据，结合采用人均产生量法进行预测计算。

（5）危险垃圾

危险垃圾一般指列入国家危险垃圾名录或者根据国家规定的危险垃圾鉴别标准和鉴别方法认定的具有危险性的垃圾，主要包括工业源危险垃圾、医疗垃圾和焚烧飞灰等，具体预测方法如下：

① 飞灰产生量预测：可根据上层次及当地相关规划要求，在环境园内确定落实飞灰处理厂，主要处理自身垃圾焚烧厂产生的飞灰；根据以往经验，平均每吨垃圾焚烧将产生 3%～5% 的飞灰。

② 危险废弃物量预测：根据上层次及当地相关规划等进行危险废弃物规模预测，确定入园处理规模。

（6）污水厂规划规模预测

污水厂规模预测应根据上层次及当地相关规划和相关可行性研究报告等，分别确定近、远期污水处理规模。

（7）城市污泥及粪渣

城市污泥及粪渣主要包括污水厂污泥、沉砂地污泥、栅渣、通沟污泥、给水厂污泥、河道淤泥、粪渣等，具体预测方法如下：

① 城市污泥量预测：应根据上层次及周边片区及当地相关规划，结合其他已建、规划的污泥处理厂、循环经济污泥干化项目等，确定近期入园处理规模。远期规模可根据大范围区域各污水厂污泥去向进行调整，预留拓展空间。

② 粪渣产生量预测：环境园接收的粪渣产生量可参考当地相关规划，按照现状和周边地区的人口比例，取当地城市粪便产生量的 15%。同时需考虑当地相关规划确定近期污水集中处理率，亦需考虑远期随着污水集中处理率的提高，粪渣产生量将会逐年减少的可能性。

5.1.3 用地规模预测

1. 用地规模预测的原则

环境园用地规模预测的原则首先需要以国家标准为依据，以国内外先进案例类比为参考。并应结合实际，尽可能取用地标准和类比案例的低限，以充分节约土地资源、集约用地。同时，应考虑长远发展，给予环境园空间发展足够的弹性。

2. 用地规模预测的方法

环境园用地规模预测的主要方法包括依据国家相关标准法、国内外先进案例类比法和综合权衡法等。

3. 预测过程

环境园用地规模的预测需首先对垃圾焚烧发电厂、餐厨垃圾处理厂、建筑垃圾处理厂等园内设施用地规模，以及环境园填埋场所需填埋库容进行预测，并通过类比法，即横向对比国内外相关垃圾处理设施指标来校核园区各设施用地规模以确保环境园整体用地的合理性。

4. 设施用地规模预测

（1）垃圾焚烧发电厂

① 建设规模确定

垃圾焚烧发电厂的建设规模确定应首先依据上层次及当地相关规划，并确定近、中期再生资源回收利用率，据此获得近期环境园服务范围内的生活垃圾清运处理量，即为需进入环境园处理的生活垃圾量。

可借鉴国外经验，如为保障在焚烧厂检修期或其他垃圾处理设施故障期间的垃圾处理，提高危机峰值处理能力，垃圾焚烧处理设施应有一定的冗余处理能力，一般情况下，垃圾焚烧厂运行处理能力为建设规模的 70% 左右。

② 用地规模计算

垃圾焚烧发电厂用地规模计算需满足《城市生活垃圾处理和给水与污水处理工程项目

建设用地指标》（建标〔2005〕157 号）要求，即城市生活垃圾焚烧处理工程项目的建设用地指标，应按工程建设规模确定。建设规模按额定日处理能力（单位：t/d）可分为下列四类，如表 5-1 所示。

焚烧处理工程项目建设用地指标　　　　　　　　　表 5-1

类型	日处理能力（t/d）	用地指标［m²/(t·d)］
Ⅰ类	1200～2000	40000～60000
Ⅱ类	600～1200	30000～40000
Ⅲ类	150～600	20000～30000
Ⅳ类	50～150	10000～20000

同时，应考虑未来长远发展，根据《城市环境卫生设施规划标准》GB/T 50337—2018，生活垃圾焚烧发电厂综合用地指标宜为 30～200 m²/(t·d) 处理规模。如部分地区用地条件紧张，建议取该综合用地指标的下限值为用地规模标准。

在注重生态保护及国土资源集约的国策背景下，规划宜参考同类垃圾焚烧发电厂的用地与设计规模，并考虑我国实际和不可预见因素的影响。以集约用地、保护生态资源与本底环境为宗旨，用地标准可取至 2.5～3hm²/(1000t·d) 进行计算，并为远景生活垃圾处理用地预留 20% 的弹性用地空间增量（为较好地解决垃圾处理问题，应对不可预见因素的影响，确保垃圾妥善处理），由此确定垃圾焚烧发电厂的远期设计处理能力及占地面积；同时，亦可协同考虑远期如与周边地区共建环境园的情况，对入园垃圾焚烧设施设计处理能力及用地进行控制。

（2）餐厨垃圾处理厂

餐厨垃圾处理厂用地规模需首先依据当地环境卫生系统布局规划确定入园处理规模后，参照其他同类设施用地标准。

（3）园林垃圾处理厂及果蔬垃圾处理厂

因园林及果蔬垃圾处理与餐厨垃圾处理工艺存在可参照性，均可采用生物降解、堆放或厌氧发酵，且通常处理规模远小于生活垃圾处理量级，因此，环境园园林垃圾处理厂及果蔬垃圾处理厂用地标准可参考餐厨垃圾处理设施用地标准。

（4）建筑垃圾综合利用厂

建筑垃圾综合利用厂的用地规模测算在落实当地建筑垃圾处理设施规划安排的同时，应充分考虑到该区域及周边地区的建筑垃圾量，并同时综合考虑其他周边已建或规划建设的处理设施运行及落地情况。可根据发展预判，在用地上进行预留，以应对未来的不可预见需求，保证城市的可持续发展。

（5）污水处理厂

污水处理厂的用地规模测算应参照相关上层次及专项规划与污水处理设施相关工程可行性研究报告结论，类比相同设施案例进行确定。

（6）污泥处理厂

污泥处理厂用地规模预测需根据相关上层次及专项规划，并酌情参考同类项目，根据含水率及处理规模，对用地规模进行预测。

（7）飞灰处理厂

飞灰处理厂需根据垃圾焚烧厂产生飞灰量进行预测，并酌情结合相关经验，对用地规模进行预测。

（8）大件家具处理中心

大件家具处理中心的用地可参考同类设施用地标准及处理规模对其用地规模进行预测。

（9）危险废弃物及医疗废弃物处理厂

危险废弃物及医疗废弃物处理涉及多种处理工艺及处理流线，如危险垃圾及医疗焚烧、重金属污泥综合利用、高浓度废液处理车间、矿物油回收、有机溶剂、动力锂电池及废铅酸电池等。由此，需根据上层次规划及各专项规模与可行性研究结论，结合处理规模，参考同类处理设施用地规模对危险废弃物及医疗废弃物处理厂用地规模进行预测。

（10）粪渣处理厂

粪渣处理厂用地方面，可通过参考同类设施用地标准，根据行业规范，结合环境工程专家与环卫部门建议对其用地规模进行预测。

（11）环境园填埋场所需填埋库容预测

填埋场主要接收生活垃圾焚烧厂产生的部分焚烧底渣（通过制砖场利用后剩余的部分）、污泥和危险垃圾处理后的残余废渣、建筑垃圾综合利用处理后的灰渣、不可燃烧垃圾以及园区内各种焚烧厂燃烧产生的飞灰等。

由此，库容预测主要包括焚烧底渣填埋、飞灰固化块填埋和危险垃圾处理后的残余废渣填埋所需库容。

其预测方法即通过逐年预测所需的各种垃圾处理终端填埋量进行累加，即为填埋总量，继而得出所需库容。若生活垃圾100％焚烧，且垃圾焚烧和填埋实行全市统一调度，故预测年填埋垃圾量＝（处理终端不可燃烧垃圾＋日焚烧垃圾剩余灰渣量）×365日。可考虑环境园垃圾卫生填埋场的建设时序性，计算垃圾填埋场起始年份。

（12）相关配套设施用地规模预测

① 环卫宿舍用地

环卫宿舍用地的容积率需参考各地规划标准确定，建筑面积需参考《宿舍建筑设计规范》JGJ 36—2016，宿舍居室按每室居住人数分为5类，人均使用面积根据居住人数与床类型（单层床、双层床）综合确定，如表5-2所示。

居室类型与人均使用面积　　　　　　　　　　　　　　　　表 5-2

类型		1类	2类	3类	4类	5类
每室居住人数（人）		1	2	3～4	6	≥8
人均使用面积（m²/人）	单层床	16	8	6	—	—
	双层床	—	—	—	5	4
储藏空间		立柜、壁柜、吊柜、书架				

资料来源：《宿舍建筑设计规范》JGJ 36—2016。

② 办公、科研教育用地

环境园办公、科研教育用地的容积率应参考各地规划标准确定，建筑面积参考现行《办公建筑设计标准》JGJ/T 67—2019 等相关规范标准，普通办公室每人使用面积不应小于 $4m^2$，单间办公室净面积不应小于 $10m^2$。

③ 垃圾分选、停车场、洗车场、综合制砖厂用地

垃圾分选、停车场、洗车场、综合制砖厂用地方面，可参照同类垃圾综合处理厂相关设施用地规模，进行类比测算。

④ 环卫车停车场

环境卫生停车场的用地指标可根据最新《城市环境卫生设施规划标准》GB/T 50337—2018 要求取值。环境卫生车辆停车场应设置在环境卫生车辆的服务范围内，并避开人口稠密和交通繁忙区域。

同时，进入环境园的环卫车辆运输一般分为外来运输车辆与园区内部运输车辆两大类，其中外来运输车辆主要包括生活垃圾运输车、污泥运输车、大件垃圾运输车等主要城市垃圾运输车辆；内部运输车辆主要为承担垃圾处理各个流程之间联系的环卫车辆。根据垃圾产生量预测结果，计算远期环境园接收的外来城市垃圾总量与内部中转的二次垃圾产生量，从而得出需要的外部垃圾运输车数量及内部运输车数量。此外，根据相关经验，可考虑环境园内部停车位预留一定弹性数量。

5.2　规划布局

5.2.1　用地布局的影响要素分析

环境园用地布局主要受所处环境以及项目自身的定位、规模、性质等方面的影响，根据作用要点不同，梳理出包括自然条件、人工环境、政策、工艺、人文等在内的八项主要因素。

1. 自然条件

自然因素包括自然资源条件和自然条件。自然资源条件包括矿产资源、水资源、土地资源、能源、海洋资源等；自然条件包括气象条件、地形条件、工程地质、水文地质等。

2. 交通运输

垃圾产生源分布情况与运输到产业园的路径，对园区的设施布局有很大影响。交通运输因素是指垃圾入园过程中用车、船以及管道、传送带等对物资的运输。包括当地的铁路、公路、水路等运输设施及能力。

3. 园区外围城市用地布局

需考虑环境园周边现状及规划用地情况，结合环境影响评估及法规、规范要求，明确边界条件，引导环卫处理设施布局，并严格保证防护距离。

4. 工艺流程

环境园作为固废综合处理基地，各类设施用地布局须充分考虑其工艺要求，按照垃圾

处理"前端综合处理—中端循环利用—末端填埋处置"的工艺流程,同时兼顾物质流、能量流与运输流协同化运作,形成流线清晰、功能分区、协同共享的园区布局。

5. 区域设施共享

根据园区所在地区产业的集中布局与分散情况,综合分析园区及所在区域的经济实力、行业集聚、市场竞争力、发展水平、协作条件、基础设施、技术水平等。并在此基础上,研判区域基础设施共享的可能性与可行性,尽量实现物质流与能量流综合利用,最大化实现垃圾处理减量化、循环利用与资源化要求,降低运营成本与费用。

6. 建设实施方面

在规划布局之初应考虑与后续施工建设的顺利衔接问题,利用集聚效应达到大型化、集约化和资源共享,节约建设投资,缩短建设周期。

根据处理对象的特性需求,在工艺流程搭建的基础上,相对集中布置,使得大型"公用工程岛"的建设成为可能,能最大限度地降低水、电、汽、气的成本,利于"三废"的综合治理,提高环境友好水平。

7. 社会和政策

社会和政策因素包括地区分类和市县等级,经济社会发展和总体战略布局,少数民族地区经济发展政策,无废城市建设、地区政策、建设项目对公众生存环境、生活质量、安全健康的影响及公众对建设项目的态度等,以及国土空间规划政策文件、国防安全等因素,都影响着园区内部的结构与布局。

8. 人文因素

包括拟建项目地区民族的文化、习俗等。

5.2.2 园区协同工作与工艺流程关系分析

1. 园区协同

(1)协同理念

协同发展模式是环境园区技术发展规划的重要理论基础和指导方针,其本质上是一种生态经济,它要求运用生态学规律而不是机械论规律来指导人类社会的经济活动。

协同理念倡导的是一种与环境和谐的发展模式。它要求把经济活动组织成一个"资源—产品—再生资源"的反馈式流程,其特征是低开采、高利用、低排放。所有的物质和能源要能在这个不断进行的协同过程中得到合理和持久的利用,以把经济活动对自然环境的影响降低到尽可能小的程度,从根本上消解长期以来环境与城市发展之间的尖锐冲突。

协同理念以资源的高效利用和循环利用为核心,以低消耗、低排放、高效率为基本特征,以减量化、再利用、资源化为原则,是对大量生产、大量消费、大量废弃的传统增长模式的根本变革。协同理念的运用,可实现经济增长速度与结构、质量、效益相统一,是落实科学发展观的有效途径。国家针对资源利用明确提出,要大力推广节能降耗技术工艺,开展清洁生产;建立城乡废旧物资和再生资源回收利用系统,提高资源循环利用率和无害化处理率。因此,在我国经济社会发展进入新的历史阶段,利用高新技术和绿色技术改造传统经济,建设资源节约型社会,走"协同"道路已经成为我们的必然选择。

结合我国的现实国情，在城市建设中以固体废物综合处理为主要设施，对固废处理区域污染物进行集中控制，生态环境园还将共享、共建包含城市生产、生活、娱乐在内的各种设施，实现"三生融合"的生态城市综合体，是建设环境友好型社会和资源协同型社会的有效途径。

（2）协同目的

实现物质、能源的协同利用，不仅需要实现环境园服务范围内的城市固体废弃物集中处理，便于污染物集中控制，节省土地资源；更要注重实现"园区项目自身内协同""园区项目之间的中协同"以及"园区与社会之间大协同"的三级"能源、资源协同利用"，使得污染物在不断循环中得到消减，最终实现园区内的能源全部循环利用，物质的大部分回用，废渣无害化处理，废气达标排放，实现真正意义上的近零污染、零排放。

通过环境园区内资源化处理区生产过程中的协同作业，实现城市固体废弃物的"无害化、减量化、资源化"处理，生产过程中产生的电能、热能、再生水及资源化产物，可自给自足供应整个环境园的日常能源消耗及园区建设材料，余量上网惠及周边城乡居民。

（3）协同原则

① 把握好与其他规划的关系

主要为市政设施规划、能源规划等，同时应把握好与国土空间等规划的关系，并充分衔接。

② 把握好与周边区域的关系

规划区并非孤立存在，必须以长远的眼光，整合规划区与周边市政设施及能源需求的关系，如：垃圾焚烧的剩余电力或者蒸汽可以就近供给周边的城市。

③ 能源供应的安全可靠稳定

按照"政府引导、市场调节"原则，建立有利于经济平稳运行、环境保护、公共安全、社会稳定的工作机制，在确保电力系统安全稳定运行的前提下，促进清洁能源市场化消纳。

④ 节能环保、供应可持续

保障低碳清洁能源发电顺序，提高清洁能源发电比重，减少煤炭消耗和污染物排放，促进环境保护和节能减排，推进生态文明建设。

⑤ 能源利用综合效益最大化

能源系统规划与建筑用能系统匹配、优化，追求能源系统效益的最大化。通过合理用能（如能源的梯级利用、能源提供）与用户侧需求品位对应、温度对口。

（4）协同思路

大协同——环境园与社会之间的协同关系。如：电力并网，富余蒸汽供应周边区域，外部接入天然气助燃。

园区协同——环境园内各项目之间的协同关系。如：蒸汽优先供应园区，污水处理厂再生水回用。

自身协同——固废资源化处理区项目自身的协同关系。如：产生的沼气供焚烧厂自身助燃。

2. 工艺流程

（1）整体工艺流程

根据环境园各固废处理与资源协同利用设施特性及工艺，充分利用其运行过程中产生的能源，如固废焚烧产生的蒸汽、电能等，进行协同利用，除补给各处理设施自身外，可向整个园区及周边地区进行输送，真正使环境园达到无废化与能源可持续，具体能源协同架构如图5-2所示。

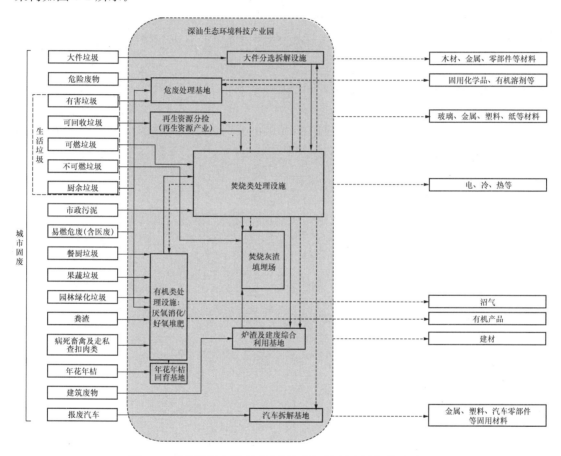

图 5-2　环境园固废处理及资源与能源协同利用架构及流程

（2）各功能区流程分析

1）生活垃圾焚烧发电厂

生活垃圾焚烧发电厂的处理工艺包括垃圾接收、储存及输送系统，垃圾焚烧系统，余热利用系统，烟气净化系统，灰渣处理系统（图5-3）。

① 垃圾接收、储存及输送系统

主要包括：垃圾称重设施——汽车衡、卸料大厅、卸料门、垃圾储坑、抓斗起重机。

汽车衡采用SCS系列浅基坑全自动电子汽车衡，主要由称重秤体、称重传感器、称重显示器、计算机系统等组成。量程根据城市最大型的运输车辆总重确定，称重精度20kg。

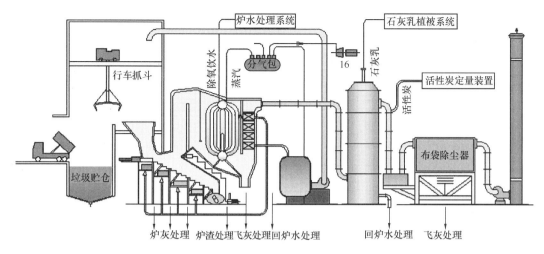

图 5-3　生活垃圾焚烧处理工艺流程图

垃圾卸料大厅系运输车卸料周转平台，设行使路线标识和信号灯。卸料大厅长度依据垃圾坑长度与垃圾抓斗检修区域宽度确定，大厅宽度依据城市最大型的运输车总长与转弯半径确定，以保证垃圾运输车能正常卸料和交通畅通。

垃圾卸料门根据项目处理规模和入厂垃圾运输车集中度确定，并满足《生活垃圾焚烧处理工程技术规范》CJJ 90—2009。可采用电动或液压提升式卸料门。卸料门的开启与垃圾起重机联锁或由垃圾抓斗起重机操作员控制，通过信号灯指示开闭状态，以调度垃圾车进行卸料，卸料完毕后立即关闭，防止垃圾坑内臭气向外泄露。

垃圾坑有效容量按照 57 天垃圾处理量设置，长度、宽度和深度综合考虑焚烧炉中心间距、垃圾堆存安息角、地质条件以及是否有利于渗滤液排出进行确定。垃圾坑除起到储存、调节垃圾数量的作用外，还便于对垃圾进行搅拌、混合和脱水，起到对垃圾品质的调节作用。

垃圾抓斗起重机，用于垃圾的给料、堆垛、移料和混料，采用半自动或全自动控制，安装于垃圾坑上部。抓斗起重机的单台处理能力和数量依据项目日处理规模确定。

② 垃圾焚烧系统

垃圾焚烧系统包括焚烧炉及配套设备、燃烧空气系统、启动与助燃燃烧器系统。抓斗将垃圾从垃圾池送入落料槽，在给料机的推送下进入炉膛，落在倾斜的逆推炉排上，垃圾在床面上不断翻滚、搅拌，完成干燥、着火和燃烧过程，随后在逆推炉排的末端，经过一段落差，掉入水平的顺推炉排床面上，继续燃烧，直至燃尽，炉渣经出渣机排出炉外，然后外运制砖。二段式焚烧炉在燃烧时可控制燃烧温度。可将该炉的焚烧温度控制在 1050℃ 以内，并保证炉内温度大于 850℃ 时，烟气停留时间＞2s，氧气浓度为 7.26％（控制在 5.6％～10.7％）。当烟气从炉内排出时，采用降温措施迅速将烟气温度降低，并且在设计流程时，尽量减少烟气从高温到低温（600～200℃）过程的停留时间。启动燃烧器布置于炉膛的两侧墙，每台焚烧炉配置两台，用于焚烧炉启动升温或停炉降温。助燃燃烧器布置于炉膛的后墙，每列炉排对应布置一台。焚烧炉启动后，启动燃烧器投入运行，炉膛达到一定温度后推入垃圾，用于垃圾的点火；当垃圾热值过低，助燃燃烧器可根据燃烧室的温度情况投运，以保证焚烧炉炉膛烟气温度高于850℃时的停留时间不少于2s。焚烧炉可以天然气、煤气或轻柴油作为辅助燃料。单台燃烧器热负荷根据炉膛设计额定热负荷和炉排列数确定。

③ 余热利用系统

余热利用系统主要包括余热锅炉、汽轮发电机组。

a. 余热锅炉

采用自然循环水管锅炉，由锅筒（含内部装置）、水冷系统、下降管、蒸发器、高低温过热器、省煤器、本体给水管路、炉膛密封系统、热膨胀系统、锅炉钢架、平台扶梯、刚性梁以及门类杂件等组成。

余热锅炉蒸汽参数：中温中压400℃、4.0MPa或中温次高压450℃、6.3MPa。

布置形式：卧式、立式或Ⅱ形。

设计排烟温度210℃，给水温度130℃，锅炉设计蒸发量根据单炉垃圾处理能力、设计低位热值计算确定，焚烧炉—余热锅炉热效率约79%。

b. 汽轮发电机组

汽轮发电机组选型：可选用抽汽凝汽式或凝汽式汽轮发电机组，取决于周边是否有热用户。机组容量和台数根据项目总的处理规模、设计低位热值，综合考虑运行可调节性、投资成本等因素确定。

主蒸汽系统：采用单母管制。焚烧车间设单母管，每台锅炉的过热器集箱出口蒸汽管道与母管连接，主蒸汽母管引接至汽机房后分别接入每台汽轮机。同时，主蒸汽母管引接两路支管供两台减温减压器，其中一台减温减压器出口蒸汽作为空气预热器的补充气源，另一台减温减压器出口蒸汽作为吹灰器汽源。

回热抽汽系统：汽轮机设三级非调整抽汽，第一级抽汽向空气预热器供汽，以预热锅炉一、二次风。第二级抽汽供给中压除氧器，除氧、加热给水至130℃。第三级抽汽供给低压加热器加热凝结水。汽机抽汽出口管路装设液动止回阀，以防止抽汽口汽流倒流至汽机，危及机组安全。

④ 烟气净化系统

生活垃圾焚烧产生的烟气含有氯化氢、二氧化硫、氮氧化物、硫化氢、一氧化碳、重金属、飞灰、二噁英等有害物质。每条垃圾焚烧线分别配置1套独立的烟气净化处理线，经净化处理后的烟气通过引风机、80m烟囱排入大气。每条焚烧线引风机出口水平烟道（直管段长度需满足测量精度要求）或烟囱分别设置1套独立的烟气在线监测仪，以连续监测每条焚烧线的烟气排放指标（图5-4）。

a. 喷雾塔

锅炉出口温度为210℃的烟气自顶部导入喷雾塔，喷雾塔顶部导流片使烟气进入喷雾塔后形成旋转紊流流动，喷雾塔的顶部布置石灰浆液喷雾机，将石灰浆液粉碎成直径为50μm以下的雾滴，以大大提高石灰浆液的比表面积和增加烟气中酸性气体分子与石灰浆液中氢氧化钙分子接触的面积和接触的时间，确保较高的反应效率。酸性气体与石灰浆液

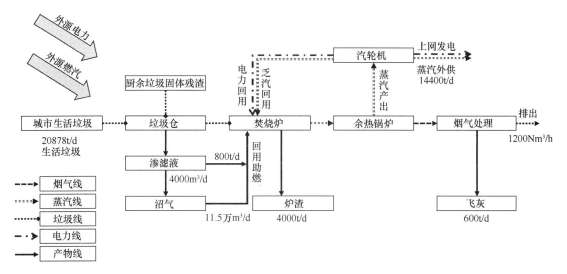

图 5-4　生活垃圾焚烧处理能源流程图

反应后生成粉尘颗粒，当烟气从喷雾塔导出时，随着流向的改变，在离心力的作用下，有较多的粉尘脱离烟气掉入灰斗。喷雾塔的出口设计烟温为 150℃，烟气在喷雾塔内的停留时间为 27s。

b. 布袋除尘器

布袋除尘器形式为下进气、外滤袋、脉冲喷吹清灰；PLC 程控：进行定期或压降控制启动清灰系统；启动循环预热系统。目前，垃圾焚烧项目大多选用 PTFE＋PTFE 覆膜，PTFE 经 PTFE 覆膜处理后，滤料的过滤精度、表面光洁度、耐腐蚀、耐磨、耐酸碱性、韧性和强度均得以大幅度提升，寿命可达 4 年，可实现粉尘零排放。

c. 二噁英的防治

燃烧室内温度达到 850℃ 且区域停留时间 $\geqslant 2s$，可彻底分解烟气中的二噁英。

二次风调节：保证出口烟气 CO 浓度 $\leqslant 50mg/Nm^3$。当烟气温度降到 $300\sim500℃$，有少量已经分解的二噁英将重新生成，尽量减小余热锅炉尾部截面积，提高烟气流速，减少烟气从高温到低温过程的停留时间，以减少二噁英再生成。喷雾塔入口烟道布置活性炭导入装置，喷入比表面积大于 $700m^2/g$ 的活性炭以吸附二噁英、重金属。

d. 脱硝系统

用以去除烟气中氮氧化物，采用的工艺为 SCR（选择性催化还原）脱硝：使用催化剂、还原剂（无水氨、氨水或尿素）与烟气中的氮氧化物反应生成无害的氮和水，从而去除氮氧化物，SCR 系统脱硝效率为 $80\%\sim95\%$。

⑤ 灰渣处理系统

a. 炉渣处理系统

炉渣的组成：炉排片漏渣、炉排尾部排渣、锅炉烟道下部灰斗收集的灰。

炉渣产生量预测：灰渣产量约占垃圾焚烧量的 $15\%\sim20\%$。

炉渣的综合利用：水冷炉渣的特性与砂子相近，分选后的炉渣，可用于建筑材料，用作铺路及制作渣砖。

b. 飞灰处理系统

飞灰产生于烟气净化过程，主要为燃烧产生的粉尘、石灰和活性炭与烟气化学反应产物。喷雾塔和布袋除尘器下部灰斗收集的飞灰，经密闭式输送设备输送到飞灰储仓。飞灰产生量（经验数据）占垃圾处理量的 4%～5%。因飞灰含重金属、二恶英，属危险废弃物。

2）市政污泥焚烧厂

① 污泥焚烧工艺流程

污泥焚烧的典型工艺流程如图 5-5 所示。来自污水处理厂的剩余污泥经浓缩、脱水、干燥后，进入污泥焚烧炉，余热可用于空气预热、污泥干燥，焚烧炉尾气经烟气净化系统去除大部分污染物，达标后经烟囱排入大气。

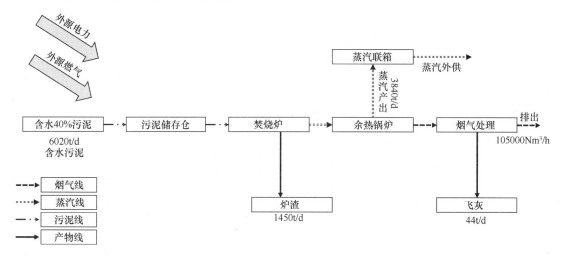

图 5-5　污泥焚烧处理能源流程图

② 污泥焚烧设备

污泥焚烧过程中的核心设备是焚烧炉。焚烧炉的选用主要取决于污泥的处理量及其特性，以及财力、技术等。对于处理量小、热值低的污泥，采用投资较少的简易焚烧炉是恰当的；对于处理量大、资源利用率高的污泥，可使用投资较大、技术装备较好的焚烧炉。目前使用的有立式多层炉、回转窑炉、流化床炉、喷射焚烧炉等。流化床焚烧炉已被广泛用于焚烧城市生活垃圾和有机固体废弃物。在炉膛下部布置有耐高温的布风板，板上用惰性颗粒作为热媒体。一次风从炉膛底部进入使炉内获得流态化，二次风从布风板上方引入，燃料从流化床侧部或上部进入，发生强烈的翻腾和循环流动。流化床焚烧炉燃料适应性广，燃烧热效率高，能有效控制 SO_2 和 NO_2 等有机气体的产生，燃烧热强度高，设备体积小，单位投资少，在低热值燃料焚烧方面有明显的优势。我国污泥成分较复杂、含水量较高、发热值较低，流化床焚烧技术无疑是我国目前实现垃圾和污泥高效、稳定和低污染燃烧的一项重要技术措施。

③ 焚烧污染排放物

污泥焚烧产生大量带飞灰的烟气，这些烟气中含有多种有毒物质，如二噁英、甲硫醇、SO_x 等，形成一次污染。烟气处理工艺复杂、技术难度大、处理成本昂贵，而且有的废气还存在潜在性危害，处于环保工作者的进一步认识、研究之中，如二噁英等。

a. 控制 SO_2 的排放

流化床锅炉燃料适应性强，燃烧充分，床温一般不超过 850℃，能有效抑制 SO_2 和 NO_2 的排放，在燃料中混入石灰石或生石灰脱硫，效果很好且价格低廉。采用循环流化床炉焚烧城市污水厂污泥，在炉内添加石灰石或生石灰脱硫情况下，烟气中 SO_2、NO_2 等有害气体排放完全能达到国家规定的相关标准。由于污泥的含硫量较一般燃煤要低，尤其是污水厂污泥，因此，在污泥焚烧过程中，只要加强控制便能有效抑制 SO_2 的污染。

b. 控制重金属排放

污泥中通常含有各种有害的重金属，如汞、铜、镉、铅等，这些重金属物质在水中不易降解，性质稳定，进入水体后除通过食物链逐步蓄积外，能被水中的悬浮颗粒吸附而沉入污泥中，造成了污泥中重金属含量较高。污泥的重金属主要以氧化物、氢氧化物、有机络合物等形式存在，其次为硫化物。

重金属的含量直接影响了污泥的处理工艺。重金属含量高的污泥，若用于农业，重金属会富集在植物体内，通过食物链传递给人类，造成毒害作用。此时应考虑用化学方法提取重金属元素，使之能够用于农业或焚烧处理。

虽然污泥焚烧后的灰渣及飞灰体积比焚烧前大大减小，但有害重金属大多数都富集在残渣中，硼、汞主要富集在飞灰中。在重金属含量不超标的情况下可考虑综合利用，如制水泥、造砖等。若含量超标，不允许直接填埋，通常是采用飞灰再燃装置进行高温熔融处理后，再进行填埋，或采用化学方法将超标的重金属淋滤出来达标后再利用。

c. 控制二噁英排放

二噁英（Dioxin）是指含有两个氧键连接两个苯环的有机氯化物。二噁英的排放和扩散，首先污染大气，然后沉积到地表，进入食物链，最后达到在人体内的积累。即使在极微量的情况下，长期摄入便可引起癌变、畸形等危害。《生活垃圾焚烧污染控制标准》GB 18485—2014 在生活垃圾焚烧厂污染排放限值中，明确规定二噁英排放值不大于 $1.0ngTEQ/Nm^3$。二噁英主要来源于固体废弃物焚烧、含氯农药合成、纸浆的氯气漂白。其中垃圾焚烧所排放二噁英量为其排放总量的 75% 以上。因此，在污泥焚烧过程中必须严格控制二噁英的排放。通常的做法有：在燃料中添加化学药剂阻止二噁英的生成；在燃烧过程中提高"3T"（Turbulence，Temperature，Time）作用效果，使燃烧物与氧充分搅拌混合，造成富氧燃烧状态，减少二噁英前驱物的生成；在废气处理过程中采用袋式除尘器或活性炭有效抑制二噁英类物质的重新生成和吸附二噁英类物质。通过改进燃烧和废气处理技术，排入大气中的二噁英类物质的量达到最少，被吸附的二噁英类物质随颗粒一起进入灰渣系统中。对灰渣采用熔融处理技术，将灰渣送入温度 1200℃ 以上的熔化炉内熔化，灰渣中的二噁英类物质在高温下被迅速地分解和燃烧。

3）危险废弃物和医疗废弃物焚烧厂

由于危险废弃物具有危害性，因此，危废焚烧处理也是一项极为复杂的工作，需要多个环节之间相互协作。危险废弃物焚烧不仅需要科学的技术方法以及完善的焚烧设备，还要尽可能地回收焚烧过程中产生的能量，实现资源的循环利用，避免出现二次污染。一般来说，危险废弃物焚烧处理包括预处理、进料、焚烧、余热回收、烟气净化五个环节（图 5-6）。

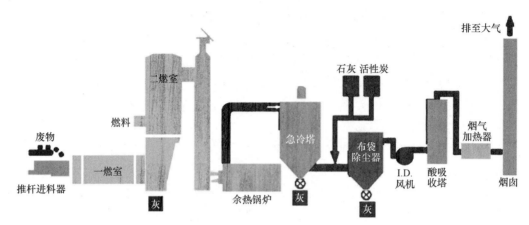

图 5-6　危险废弃物焚烧处理工艺流程图

① 预处理

预处理是危险废弃物焚烧处理的最初阶段，能够有效提升危险废弃物的焚烧效率。在这一环节，工作人员可以对危险废弃物进行有效分类，可以根据物理形态或化学组成分为不同的种类。危险废弃物种类不同，处理方式也不相同，要结合危险废弃物内部所包含的化学成分，采取相应的措施进行预处理。预处理能够降低危险废弃物的处理难度，有效节约处理成本，还能够实现对危险废弃物的有效管理。例如，在分类过程中可以排除不宜焚烧的危险废弃物，如含有硝化甘油等易爆物；对一些化学试剂可以先沉淀再入焚烧炉，有效减少焚烧体积，降低对焚烧设备的腐蚀程度等。

② 进料

固体废物进料系统主要用来处置散装固体废料或者半固体废料，这些固体废物经过破碎后在料坑中实现混合配伍，配伍完成后再送入焚烧炉进行焚烧处理。液体废物由输送泵送到转窑喷枪中，再经过压缩或雾化，送回转窑进行处理。在焚烧液体废物时，要重点关注废液的热值，在炉膛内达到一定温度之后再投入废液，从而保证点火安全，以免发生安全事故。

③ 焚烧

危险废弃物在进入焚烧炉焚烧之前，首先要由工作人员对废物进行配伍。工作人员要对废料的成分进行化验，如果危险废弃物中含有熔点较低的盐类，必须要先对其进行掺合，然后才可以放入焚烧炉。焚烧是危险废弃物焚烧处理的关键环节，作为焚烧系统中最为核心的设备，焚烧炉的使用与危险废弃物的种类和形态密切相关。其中，回转窑焚烧炉适用范围广泛，能够同时适用于固体、液体和气体三种形态的危险废弃物焚烧，在危险废弃物处理中得到了广泛使用。依据灰渣物态和温度范围的不同，回转窑焚烧炉又可以分为灰渣式焚烧炉和熔渣式焚烧炉。其中，灰渣式焚烧炉的焚烧温度一般保持在 650～1050℃；熔渣式焚烧炉的焚烧温度相对较高，一般保持在 1200～1450℃，在这一温度范围内，危险废弃物中所包含的惰性物质大都能够被完全熔融，故其处理效率相较灰渣式焚烧炉要高。在焚烧过程中，运行人员要经常对焚烧情况进行巡检，一旦发现结焦现象，要及时进行处理，以免影响工作的正常进行。

④ 余热回收

焚烧法处理危险废弃物会生成大量的高温烟气，工业上通常使用余热发电设备对其进行热量回收，所产生的蒸汽可回收部分喷入回转窑或二燃室，用于提高焚烧系统的运作效率。在回收过程中，随着烟气温度的降低，其所包含的粉尘颗粒会逐渐冷却最终坠落到锅炉底部，形成灰尘积压。操作人员可以减少灰尘积压的程度。

⑤ 烟气净化

由于危险废弃物中包含的成分比较复杂，经过焚烧后所产生的烟气有可能对环境造成破坏。一方面，危险废弃物尤其是含氟碳化合物经过燃烧后会产生大量的酸性气体，酸性气体是形成酸雨的主要原因，不经处理就直接排放，会对大气环境造成破坏；另一方面，危险废弃物燃烧后会产生烟尘，这些细微粉尘排放至空气中，降低空气质量的同时还会同空气中的其他物质相混合，发生化学反应，对人类生活环境造成危害。此外，烟气中可能还含有重金属、二噁英等有害物质，必须进行妥善处理。

对于含有氮氧化合物的酸性气体，主要采用选择性非还原法或者选择性催化还原法进行处理，这两种处理方式的区别在于催化剂的种类。非还原法主要使用 V205 进行催化，催化还原法使用还原剂 NHOH 降低烟气中有害物质的浓度。对于含硫氧化物，多采用半干法脱硫进行净化。这种处理方式操作简单，将石灰乳液放置到急冷塔内冷冻即可，处理成本低廉，处理过程中也不会产生二次污染。二噁英的处理流程比较复杂，涉及焚烧前、中、后三个阶段。焚烧前一般使用碳源进行催化，减少二噁英的生成；焚烧中可以适当增加危险废弃物在高温位置的停留时间；焚烧后要充分利用活性炭来吸附二噁英，从而实现有效治理（图 5-7）。

4）餐厨垃圾处理厂

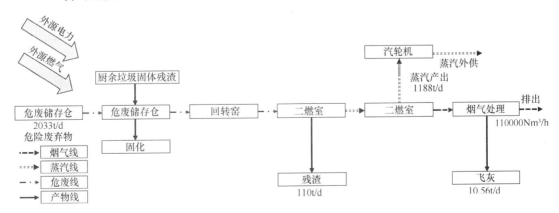

图 5-7　危险废弃物焚烧处理能源流程图

餐厨垃圾厌氧处理工艺主要是指通过成熟稳定的厌氧发酵技术，使收运来并且经过预处理的餐厨垃圾在厌氧菌的作用下，在一定的温度条件下，在密闭容器中发酵后产生沼气，沼气通过热电联产发动机发电和供热的过程。发酵后产生的沼液和沼渣经过无害化、资源化处理后可作为肥料再次使用，从而实现垃圾的减量化再利用。以两相厌氧工艺为例，餐厨垃圾厌氧发酵工艺流程主要包括：预处理，水解酸化，产沼气，沼气利用，沼液、沼渣处理及再利用。

① 预处理

餐厨垃圾经过收运车辆的运输到达处理场地后，倒入进料池内。由于在餐厨垃圾产生地如餐馆、饭店收集垃圾时会使用塑料包装袋，因此进料垃圾首先进行破袋处理，破袋后的垃圾再进入预处理阶段，进行机械预处理。收运来的餐厨垃圾中通常会含有一定量的干扰物质，如纸张、金属、骨头等。这些物质在厌氧发酵过程中不能被降解，因此应在预处理阶段被分选出去。纸张和金属类物质可循环利用，其他物质进入填埋场进行卫生填埋。

分选后的餐厨垃圾中仍然含有颗粒较大的物质，如水果、蔬菜、肉块等。颗粒较大的垃圾在输送管道内输送或在容器内搅拌时可能会对设备的稳定运行产生影响，同时颗粒较大的物质比表面积较小，这样会使得垃圾颗粒在反应器内与厌氧菌的接触面积减小，降低厌氧发酵降解效果。为增强处理过程中设备运行的稳定性以及提高厌氧发酵的效果，在进行分拣后，餐厨垃圾通常需再进行粉碎处理，粉碎后的垃圾颗粒大小根据不同工艺要求通常控制在 10mm 左右。粉碎后的垃圾可进行固液分离。餐厨垃圾在经过了分选、粉碎后仍然含有一些颗粒较小但是在厌氧反应器中不能被降解掉的固体物质，如细砂等。这些固体物质进入反应器后通过内部搅拌，会磨损反应器和搅拌器，降低设备使用寿命。长时间运行时，还会在反应器底部形成堆积，降低反应器的有效使用体积。通过固液分离可使得这部分固体物质从垃圾中分离出去，只剩下可降解物质进入反应器，从而提高厌氧发酵罐的工作效率，保证产气稳定，进而保证整个厌氧装置的高效稳定运行。当餐厨垃圾的干物质含量（TS）高于反应器设计进料 TS 时，通常会在垃圾进入反应器前加入清水或循环回流水进行稀释，以降低 TS。此时可在预处理阶段设均浆工艺。经过均浆后的垃圾物料再通过管道输送入反应器内。

② 水解酸化

经过预处理的餐厨垃圾进入水解酸化罐内进行水解酸化。在此之前，可以设置热交换设备，使垃圾在管道输送过程中实现升温，达到水解酸化所需温度，从而避免反应器内温度出现较大的起伏变化。有机垃圾在反应器内经过水和水解酸化菌的作用，由块状大分子有机物，逐步转化为小分子有机酸类，同时释放出二氧化碳、氢气、硫化氢等气体。水解酸化阶段产生的有机酸主要是乙酸、丙酸、丁酸等。由于水解酸化过程进行得很快，反应器内很快形成酸性环境，也就是说 pH 值在降低。尽管水解酸化菌的耐酸性很好，当 pH 值过低时，菌类仍然会受到抑制，导致降解效果低下。为解决这一问题，可向反应器内加入碱性物质进行中和，但碱性物质的加入会增加盐度，对厌氧发酵和沼液处理产生负面影响。此外为解决 pH 值过低的问题，也可使用 pH 值较高（约 8）的循环回流水进行中和。

回流水的使用可部分解决发酵后沼液处理问题，实现厌氧发酵厂内的物质循环利用。同时使用回流水也可补充部分养料及稀有金属供给厌氧菌使用，避免菌类因营养缺乏引起的活性下降甚至死亡。水解酸化阶段产生的气体中含有硫化氢，不能直接排入空气，经过脱硫处理后气体可直接排放或作其他用途。水解酸化阶段的温度通常控制在 25～35℃，并且不会随着产甲烷阶段的温度变化而改变。维持反应器内温度可使用沼气热电联产后产生的热量实现。

③ 产沼气

产沼气阶段也可以称为产甲烷阶段，这一阶段是厌氧发酵的核心阶段，厌氧发酵的主要产品都来自于这一阶段，因此，控制好这一阶段是控制好整个厌氧处理的关键。水解酸化阶段的产物如有机酸类和溶解在液体中氢气、二氧化碳等通过管道运输进入产甲烷罐中，有机酸和气体在反应器内被进一步转化为甲烷气体和二氧化碳气体，由于硫化氢在水解酸化阶段已经释放出去，在产甲烷阶段的硫化氢产量很小，几乎可忽略不计。

由于进入产甲烷罐的物料为水解酸化后的有机酸，因此，反应器可以适应较高的有机负荷，同时缩短物料的停留时间。根据国外现有经验表明，反应器的有机负荷通常在 3～4.5kgTS/(m^3·d)。沼气产量可稳定保持在 700～900L/(kg·TS)，沼气中甲烷浓度为 60%～75%。影响厌氧发酵的因素有很多，如反应器内的温度、pH 值、进料垃圾的碳氮比等，这些因素直接影响着厌氧降解的稳定性。表 5-3 列出了影响厌氧降解过程的各种因素及其工艺适宜值。

厌氧降解影响因素及其工艺适宜值　　　　　表 5-3

影响因素	水解酸化阶段	产甲烷阶段
温度	25～35℃	中温：25～38℃ 高温：55～60℃
酸碱值（pH 值）	5.2～6.3	6.8～7.5
碳氮比（C/N）	10～45	20～30
固含量	<40%TS	<30%TS
养料 C：N：P：S	500：15：5：3	600：15：5：3
微量元素	无要求	镍、铬、锰、硒

④ 沼气利用

发酵后产生的沼气中含有甲烷、二氧化碳、硫化氢、其他气体等。甲烷具有可燃性，浓度通常可达到 60%～75%，沼气通入热电联产发电机后可进行发电，剩余的热量可供垃圾处理设备自身使用。根据国外已有项目经验，处理能力为 200t/d 的垃圾厌氧处理厂每天的沼气产量可达到 25000～30000m^3，当沼气中的甲烷浓度为 60% 时，由此发出的电能约为 60～71MW·h/d，按照北京市普通三口之家的年用电量计算，可满足约 8000 个家庭的年用电需求。除了直接燃烧发电之外，厌氧发酵后产生的沼气还可以在经过脱碳净化后进入城市煤气生产企业，经过加压后进入管网，供给居民日常生活使用。随着技术的不断进步，新能源汽车逐渐出现在市场上。欧洲国家，如瑞典、德国等已经出现了利用沼气作为燃料的新能源汽车。如果能够普及加注站点，沼气也是十分优越的新能源汽车燃料。

⑤ 沼液、沼渣处理及再利用

厌氧发酵后的剩余产物从发酵罐出来后仍然具有较高的含水率，并不能够直接填埋，而是需要先经过脱水处理。发酵剩余物经过离心脱水后还会产生沼液及沼渣。沼液和沼渣中富含氮、磷、钾、微量元素等植物所需的营养物质，可作为有机肥料。关于沼液制肥料的处理在国外已有成熟的技术，并且经过实际应用，效果良好，使得经过处理后的沼液可以符合有关标准要求，直接作为液体肥料喷洒在农田里。脱水后剩余的沼渣经过好氧堆肥可作为成品肥料出售。在进行好氧堆肥时，通常要降低加入秸秆等物质的含水率，并补充营养物质。堆肥的时间大概在 15～25d，经过堆肥后的肥料即可在市场上出售。这种利用发酵后剩余物的方式在欧洲厌氧发酵应用广泛的国家已经得到验证，并获得成功。依据我国农业现状，经过处理后制得的有机肥料有比较广泛的市场。除此之外，沼液在经过脱盐、脱硫、脱氮、脱磷等处理后达标排放。

⑥ 废油脂利用

我国有着悠久的饮食文化传统，各地美味佳肴数不胜数，菜肴中除了肉、蛋、蔬菜等食材外，还有烹制所加入的食用油。也就是说，餐厨垃圾中除了含有大量的有机物外还存在油脂类废弃物。因此，在处理餐厨垃圾时应对废弃油脂采取相应的解决办法（图 5-8）。

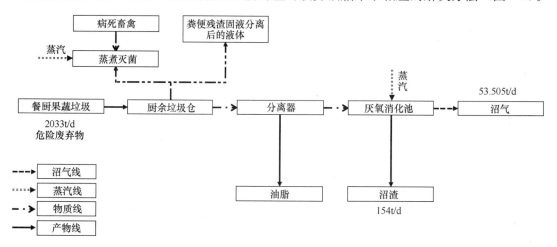

图 5-8 餐厨垃圾厌氧消化处理能源流程图

餐厨垃圾中的油脂是可以被厌氧发酵降解掉的，但脂肪的性质决定了其厌氧降解过程十分缓慢，并且极易在反应器内与其他物质形成黏度较大的悬浮物，影响设备的正常运行。因此，在厌氧发酵工艺中通常先去除餐厨垃圾中含有的大量油脂废弃物，剩余的含有较少量油脂的餐厨垃圾进入发酵罐中进行降解。餐厨垃圾中的油脂部分通常在预处理阶段通过油水分离的方式从垃圾中分离出去。这些油脂可以同回收的"地沟油"及废食用油一起，经过化学方法或生物方法处理后转变为生物柴油或其他化工工业原料，可实现较好的经济效益。通过油脂的分离处理利用，既实现了废弃资源的重新利用，产生较好的经济效益，又能从源头上消除"地沟油"的生产，使得"地沟油"不再回到人们的餐桌上，保证食品安全，避免人们的身体健康受到危害。

5）综合污水厂

污水处理工艺分三级。一级处理：物理处理，通过机械处理，如格栅、沉淀或气浮，去除污水中所含的石块、砂石和脂肪、油脂等。二级处理：生物化学处理，污水中的污染物在微生物的作用下被降解和转化为污泥。三级处理：污水的深度处理，包括营养物的去除和通过加氯、紫外辐射或臭氧技术对污水进行消毒。根据处理的目标和水质的不同，有的污水处理过程并不是包含上述所有过程（图 5-9）。

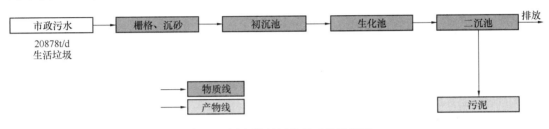

图 5-9　污水处理厂处理工艺流程图

① 一级处理

一级（机械）处理工段包括格栅、沉砂池、初沉池等构筑物，以去除粗大颗粒和悬浮物为目的，处理的原理在于通过物理法实现固液分离，将污染物从污水中分离，这是普遍采用的污水处理方式。一级（机械）处理是所有污水处理工艺流程必备工程（尽管有时有些工艺流程省去初沉池），城市污水一级处理 BOD5 和 SS 的典型去除率分别为 25％和 50％。在生物除磷脱氮型污水处理厂，一般不推荐曝气沉砂池，以避免快速降解有机物的去除；在原污水水质特性不利于除磷脱氮的情况下，初沉池的设置与否以及设置方式需要根据水质特性的后续工艺加以仔细分析和考虑，以保证和改善除磷脱氮等后续工艺的进水水质。

② 二级处理

污水生化处理属于二级处理，以去除非悬浮物和溶解性可生物降解有机物为主要目的，其工艺构成多种多样，可分成活性污泥法、AB 法、A/O 法、A2/O 法、SBR 法、氧化沟法、稳定塘法、CASS 法、土地处理法等多种处理方法。目前大多数城市污水处理厂都采用活性污泥法。生物处理的原理是通过生物作用，尤其是微生物的作用，完成有机物的分解和生物体的合成，将有机污染物转变成无害的气体产物（CO_2）、液体产物（水）以及富含有机物的固体产物（微生物群体或称生物污泥）；多余的生物污泥在沉淀池中经沉淀池固液分离，从净化后的污水中除去。

③ 三级处理

三级处理是对水的深度处理，是继二级处理之后的废水处理过程，是污水最高处理措施。目前我国的污水处理厂投入实际应用的并不多。它将经过二级处理的水进行脱氮、脱磷处理，用活性炭吸附法或反渗透法等去除水中的剩余污染物，并用臭氧或氯消毒杀灭细菌和病毒，然后将处理水送入中水道，作为冲洗厕所、喷洒街道、浇灌绿化带、工业用水、防火等水源。由此可见，污水处理工艺的作用仅仅是通过生物降解转化作用和固液分离，在使污水得到净化的同时将污染物富集到污泥中，包括一级处理工段产生的初沉污泥、二级处理工段产生的剩余活性污泥以及三级处理产生的化学污泥。由于这些污泥含有大量的有机物和病原体，而且极易腐败发臭，很容易造成二次污染，消除污染的任务尚未完成。污泥必须经过一定的减容、减量和稳定化无害化处理并妥善处置。污泥处理处置的成功与否对污水厂有重要的影响，必须重视。如果污泥不进行处理，污泥将不得不随处理后的污水排放，污水厂的净化效果也会被抵消掉。所以在实际应用过程中，污水处理过程中的污泥处理也是相当关键的。

④ 除臭工艺

其中物理法主要包括稀释法、吸附法等；化学法包括吸收法、燃烧法等；生物法包括生物制剂法、生物过滤法、填充塔式生物脱臭法和生物洗涤法、植物提取液雾化喷淋法等。

（3）协同方式与协同内容

1）协同方式

① 项目自协同

a. 垃圾焚烧发电厂

生活垃圾焚烧发电厂的自身协同主要包括内部热量循环、电力自用和渗滤液回喷助燃。垃圾在炉排上方燃烧产生的大量高温烟气，首先进入炉膛（二燃室）与二次风强烈混合，使烟气中的固定碳颗粒及 CO 等得到完全燃烧，并以辐射等传热方式将热量传递到炉膛四周布置的水冷壁，使水冷壁中的炉水汽化而产生蒸汽。高温烟气由炉膛出来后，进入后部的半辐射烟气通道和对流通道，不断将热量传递至各通道内的受热面，如水冷壁、蒸发器、过热器、省煤器等，并降低温度至 $180\sim240℃$ 后排出锅炉进入烟气净化处理系统。余热锅炉水包括汽包、水冷壁、蒸发器、省煤器等压力部件。汽轮发电机组的凝结水和补水通过汽机回热系统及除氧器加热到 $130℃$ 后，通过锅炉给水泵送至锅炉省煤器与锅炉烟气换热升温，然后进入锅炉汽包，在汽包内进行汽、水分离，水进入水冷壁和蒸发器等自然循环系统吸热并部分汽化成蒸汽，蒸汽则依次进入低温过热器和高温过热器。高温过热器出口的过热蒸汽送至汽轮发电机组发电，完成全厂汽水循环。以日处理 2 万 t 生活垃圾规模为例，垃圾焚烧产生的蒸汽通过汽轮机每年可发电约 54 亿度，其中部分电力可回用供生活垃圾焚烧发电厂自身使用，垃圾焚烧发电厂自身用电约占总发电量的 10%，其余电量并入国家电网。

垃圾预处理阶段会产生高浓度的渗滤液，渗滤液产生量一般在垃圾量的 10%～30%，约 4000t/d。设置回喷装置，部分高浓度渗滤液（约占渗滤液总量的 20%）可回喷垃圾炉。回喷工艺流程：渗滤液收集小池—粗过滤器—精过滤器—过渡水箱—泵—喷入反应塔。反应塔内部烟气温度大多超过 200℃，喷入塔内的渗滤液水分很快被蒸发，剩余的有害物质随着烟气进入袋式除尘器，脱酸反应及袋式除尘器共同作用将其捕集。除尘器进口喷入的反应助剂和活性炭能很好地吸附垃圾渗滤液带来的恶臭气体。每条焚烧线都设有独立的渗滤液喷射装置。每条线的渗滤液喷射装置由两台变频控制的喷射泵及多只喷射枪组成。喷射泵经开关阀将渗滤液抽出，加压后经脉冲阻尼器和背压阀稳压后，进入反应塔的喷射装置。渗滤液在储存阶段会产生沼气，4000t/d 的渗滤液约产生 100.88t/d 的沼气，其热值相当于 4.95 万 m^3/d 的天然气，通入垃圾焚烧发电厂可代替天然气的使用量。

b. 污泥焚烧厂

污泥焚烧厂的自身协同主要为内部能量循环。利用流化床进行污泥处理是目前世界上应用最广泛的污泥焚烧技术，余热锅炉安装在高温空预器的后面，从高温空预器出来的烟气经过余热锅炉后温度降低到 220℃，该温度值既能有效地避免低温腐蚀又能充分回收烟气中的热量，污泥焚烧系统余热锅炉和辅助燃气锅炉产出的饱和蒸汽分别进入蒸汽联箱，部分蒸汽用于焚烧厂内部使用，其余输送至集中换热站。

c. 危险废弃物焚烧厂

危险废弃物焚烧厂的自身协同主要为内部能量循环。燃烧空气可以用空气/蒸汽热交换器（APH）预热。空气预热器是两段式：用中压蒸汽从环境温度预热至 110℃。用锅炉汽包的饱和蒸汽从 110℃ 预热到 190℃ 回转窑后在燃烧室的底部结束。二燃室运行温度高达 1200℃。在二燃室入口和出口处，由三个冗余的温度传感器测量烟气温度。燃烧空气被引入到二燃室的下部，促进废物的燃烧。来自回转窑的固体废物落入一个充满水的提取器中：固体灰被冷却下来，用皮带选取出来，在灰沙坑中临时存储，使用专用的吊车，将底灰装载到卡车上，液体危废通过专门的喷射器或喷射泵进入燃烧器，固体包装废物在位于回转窑前面的破碎塔被切碎，通过液压泵被推入燃烧器。回转窑内有机废物材料的氧化需要燃烧空气（需要氧）。安装两段式空气预热系统来预热助燃空气（空气/蒸汽换热器）。第一阶段用中压蒸汽将燃烧空气从环境温度预热到 110℃。该温度可以由操作员调整。第二阶段来自锅炉汽包的饱和蒸汽将燃烧空气从第一阶段空气出口的温度预热到 190℃。该出口温度可以由操作员调整。危险废弃物焚烧系统余热锅炉可以将燃烧出来的烟气从 1150℃ 冷却到 500℃ 左右，产出的饱和蒸汽分别进入蒸汽联箱，部分蒸汽用于焚烧厂内部使用，其余输送至片区换热站。

② 园区协同

a. 蒸汽协同

蒸汽的供能半径一般为 3～5km，随着距离增长，传输效率会大幅降低。根据就近供能原则进行蒸汽能源分区，其中生活垃圾焚烧厂、污泥焚烧处理厂、危险废弃物焚烧厂产生低值蒸汽，送往餐厨垃圾处理厂厌氧消化池加热，或卫生处理厂做高温蒸煮，其余送往每个地块热力站，用于夏季供冷冬季采暖（图 5-10）。

b. 电力协同

园区内的电力由生活垃圾焚烧发电厂产生，产生的电力供给生活垃圾焚烧厂自身使用，大部分转入国家电网，园区中的用电需求由国家电网进行供应和分配（图 5-11）。

c. 沼气协同

厨余果蔬垃圾厌氧消化可产生沼气，输送至生活垃圾焚烧发电厂，生活垃圾焚烧发电厂采用机械炉排炉余热锅炉，可有效利用沼气作助燃使用（图 5-12）。

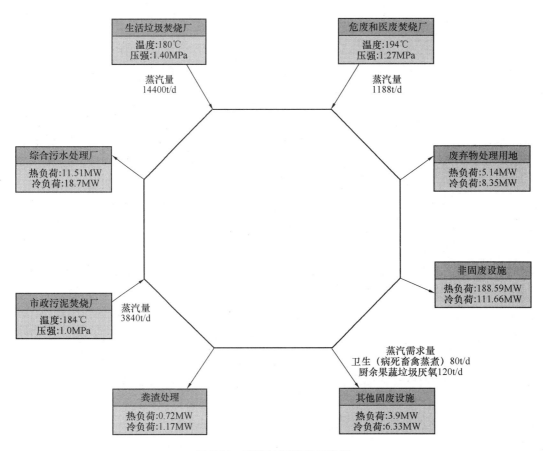

图 5-10　蒸汽协同流程示意图

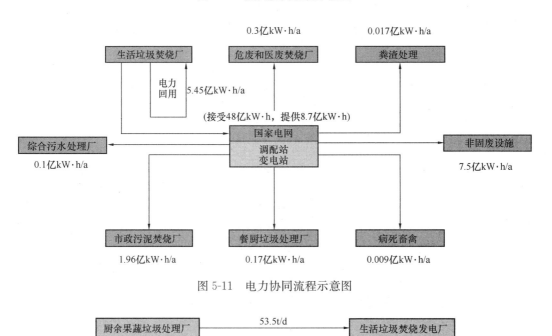

图 5-11　电力协同流程示意图

图 5-12　沼气协同流程示意图

d. 给水排水协同

环境园内主要污水来源是固废资源化处理区生产作业后产生的工业废水、功能配套区产生的生活污水，经园区的水质净化厂处理后达标排放。园区内的固体废物处理设施，如生活垃圾焚烧厂、污泥焚烧厂等可使用再生水作为冷却水和锅炉补给水，城市绿地景观灌溉、车辆清洗、道路清扫可考虑使用再生水。经对水质标准比对，再生水作工业用水及城市杂用水时，水质要求低于地表准三类水标准，即经园区内水质净化厂处理后，尾水均可回用作园区固废设施的冷却水、锅炉补给水、城市绿地景观灌溉、车辆清洗、道路清扫等用水，剩余尾水排入Ⅲ类水域（划定的保护区和游泳区除外）（图 5-13）。

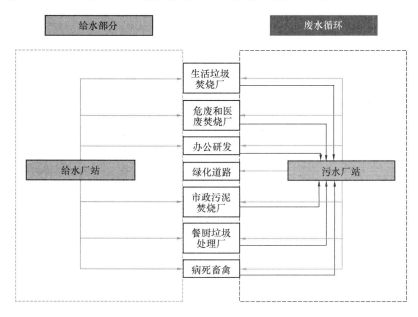

图 5-13　给水回水协同流程示意图

③ 社会大协同

环境园区和社会形成一个大的协同体系，即社会流通的能源以及废弃物等进入园区，经过园区的内部处理，形成电力、热力、建材等原材料返回至社会体系中。

生活垃圾焚烧发电厂、危险废弃物焚烧处理厂、污泥焚烧处理厂初次运转需要从园区外接入天然气作点火助燃使用，园区正常运行后生活垃圾焚烧发电厂的天然气可由沼气进行辅助代替。

生活垃圾焚烧发电厂产生的电量，部分供给生活垃圾焚烧发电厂自用，剩余的向国家电网提供。

将园区危废焚烧处理厂、污泥焚烧处理厂、生活垃圾焚烧发电厂产生的蒸汽折合热值后，可根据园区冬季及夏季集中供（热）冷需（热）冷负荷，进行园区自身冷热负荷平衡测算，若有盈余，剩余热量还可外供园区周边区域供冷供暖（图 5-14）。

2）协同内容

① 蒸汽协同

园区以垃圾焚烧发电厂、污泥焚烧厂、危险废弃物焚烧厂作为热源，利用设施产生的

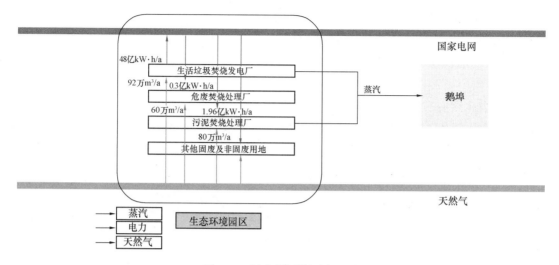

图 5-14 社会协同能源流程图

余热蒸汽对园区供热制冷。根据园区内生活垃圾焚烧发电厂、污泥焚烧厂、危险废弃物焚烧厂产出的蒸汽量与参数，综合考虑园区的冷热负荷需求以及蒸汽需求量，如：根据热源的位置、供能量以及园区的冷热需求，将整个园区划分成若干供能分区，用于园区的供冷采暖；规划危险废弃物焚烧厂抽出的热蒸汽用于病死畜禽高温蒸煮和厨余果蔬垃圾厌氧消化过程中控制消化池温度等。

② 再生水协同

园区内污水统一输送至综合污水厂处理，污水厂采用分级处理，达到城市污水再生利用工业用水标准要求的再生水，提供给垃圾焚烧厂及污泥焚烧厂用于中水回用、运输车辆停车场洗车和绿化道路浇洒，其余直接排放用作景观补水。

③ 沼气协同

园区中果蔬厨余垃圾厌氧发酵产生的沼气，输送至生活垃圾焚烧发电厂助燃使用，可作为燃料代替天然气使用。

3）协同效益

① 环境效益

节能减排效益。包括节能减排效益、电力节约利用碳减排效益、燃气节约利用碳减排效益。

有效解决城市固废污染问题。环境园区的建设能够缓解多种固废处理难题，有效减少固废对城市造成的环境污染。同时，将多种固废统一到园区内处理，可以对污染进行集中控制，对污染物进行集中处理，对排放物进行统一监管，有效控制对环境的二次污染。为保持良好的市容市貌作出贡献，可以极大地提升城市对外的形象和品位。

实现环境与经济协同发展。园区的建设是体现协同经济发展，推进环境与经济协调发展的重要抓手之一。物质协同、能量系统是园区固废处理资源化利用的一个重要表征，是环境友好社会循环经济"资源—产品—废物—资源"闭环流动中废物到资源的最后一环。在园区内，物能协同又可分为社会大协同、园区协同和项目自协同三方面。项目自协同是指园区内项目自身生产作业后产生的物质或能源供给自身使用的过程。园区协同是指园区内部各处理设施之间的物质、能量循环。社会大协同是指将固废园区作为一个整体，接受社会产生的固体废弃物，经园区处理处置后，实现污染物零排放，并向社会输出物质产品和能源。

② 经济效益

节能经济效益。可以从节水、产能、节能等几个维度体现，具体为：节约水资源效益，主要来自非常规水资源利用，通过替代常规供水，减少自来水水费；产能经济效益，主要包括生活垃圾焚烧发电厂产生电力以及产生沼气、生物柴油等替代常规供能等；节约能源效益，主要来自能源利用，如利用可再生能源替代常规供电供气，利用蒸汽供冷供热产生的节电效益等。

节约设施设备投资。相对于单独建设固废处理设施，园区可将一些基础公用设施和二次污染处理设施进行共建共享，体现规模效益，降低设施设备投资。其中：基础公用设施共建，主要包括园区道路交通、给水排水、电力电信、管线综合等市政基础设施的统一规划、统一设计、统一建设，减少园区和社会资源的消耗。二次污染物处理设施共建、固废处理设施运行过程中，或多或少都会产生废水、废渣、废气等二次污染物，如垃圾渗滤液、分选残渣、臭气等。这些二次污染物都需要进行最终处理处置，以实现园区的零排放目标。在园区建设中，可将此类设施合并建设，进一步提高规模效益，减少投资。

③ 社会效益

提升城市环境品质。建设固废处理设施，节约了垃圾填埋用地，丰富了场地利用价值，提升了人们居住和生活的环境品质，为市民休闲提供了更多的活动空间。通过建设综合管廊，避免因改造维护市政管线多次开挖道路，不仅保障了道路通行能力，也维护了良好的城市形象风貌。

提高社会整体素质。通过开展能源协同，推行垃圾分类收集和餐厨垃圾资源化处理等，循环利用再生水循环、沼气协同、蒸汽集中供冷供热，向市民展示资源环境效益，有利于普及协同发展理念，提高民众的节水节能和资源循环意识，以及改善民众对垃圾焚烧发电厂等邻避型设施的看法，提高社会整体素质。

促进先进技术发展。环境基础设施能源协同为先进市政技术的发展提供应用经验，发现实践问题，为技术改良和升级提供研究基础。同时，各类基础设施工程的建设也有利于助推相关产业的发展，通过提高技术研发资金投入，进一步降低单位生产成本，进而促进先进技术的健康可持续发展。

5.2.3　环境园功能演变及体系分析

1. 环境园功能演变趋势分析

（1）趋势一：立足固废处理，以环保产业为主导，向高新制造业及服务业拓展

随着环境园的发展，其功能内容也在不断地丰富和演变。在最初的"工业共同体"时期，其功能以生产制造为主。进入第二个阶段后，除生产制造功能以外，开始出现了一些

简单的生产性服务功能（如仓储、物流）和生活性服务功能（如小型商业、宿舍）。而到了第三阶段，进入以技术创新为引领的发展阶段后，除了生产制造功能以外，生产性服务和生活性服务功能得到极大丰富和完善，创新和研发功能得到极大强化。同时，该时期为解决垃圾焚烧电厂产生的邻避效应，园区内部开始为城市提供大量公益性回馈功能，在功能上与城市逐渐融合，逐渐实现开放性发展。

（2）趋势二：高素质人才比例上升，人口结构趋稳

在以制造业为主的传统产业园区的人口构成中，主要可以分为三类：打工者、村民和城市居民。这三类人群中，一般情况下外来务工人员所占比重较大，也是园区的主要劳动力。然而，外来务工人员流动性强、稳定度差，容易受到经济波动的影响而流入流出，导致传统产业园区的社会结构的稳定性变得很脆弱，不便于依据社会人群结构进行公共服务设施配给。但随着园区环保产业结构的调整，研发业及服务业的融入，园区内部的人口组成结构也发生了一些变化，普通外来务工人员的比例在下降，而稳定性更高、经济消费能力更强的专业技术人员、知识分子等高素质人才的比例在上升，社会结构趋于稳定，形成了对相关公共服务设施的稳定需求。

（3）趋势三：园区的空间与功能向城市趋同

在园区环保产业结构转型、社会结构趋稳的背景下，产业园区所服务的企业及从业人员的需求也发生了较大的变化，对产业园区的环境品质、功能服务提出了新的要求。相对于从事传统制造业的外来务工人群来说，新兴制造业、研发业及服务业的企业及从业人员对生活与工作的环境有更高的要求，追求兼具居住、商业、休闲的完善城市服务功能及便利、舒适、优美的高品质城市空间。因此，为了迎合企业与人群的需求变化，产业园区的功能逐步走向复合，由传统的单纯环境园、无任何配套建设，逐步发展演进为以生产、研发功能为主，各配套服务功能完善化的环境园区；其空间品质也在不断提升，在其空间形态上也慢慢地呈现出由工业区向城市形象明显的产业新城演进。

（4）趋势四：产业园区的低碳生态建设日益得到重视

随着生态文明建设上升到国家发展战略的高度，园区的低碳生态建设成为产业园区发展的要求与趋势。目前，越来越多的产业园区开始根据循环经济理论及工业生态学原理来进行园区建设。一方面希望通过建立物质、能量的闭路循环，改变传统的高强度资源消耗，提高园区生产效率；另一方面希望打造生态型产业园区来与其他产业园区形成差异化竞争优势及品牌优势，以吸引相关政策支持及高新技术企业进驻。不管是出于产业园区自身的竞争考虑，还是出于对相关政策要求的响应，低碳生态、绿色循环等理念正在成为产业园区建设的主要关注点之一。

2. 功能体系分析

本着以创新为引领，功能多元复合，与城市高度融合的国际一流创新型环境园的发展趋势，其主要功能可分解为：科创智慧中枢、固废处理、生产和制造、综合配套服务、公益回馈五个部分。

（1）科创智慧中枢功能

汇聚节能环保产业创新研发、配套办公、教育培训、节能环保科技服务等功能产品，

打造集产、学、研为一体的创新平台，具体功能构成详见表 5-4。

科创智慧中枢功能构成一览表　　　　　　　　　　　表 5-4

功能内容	功能产品	建筑类型
创新研发	节能环保产品试验中试中心	研发用房
	能源环境技术研究中心	研发用房
	国际能源与环境技术促进中心	研发用房
	环保标准孵化中心	研发用房
	环保技术研究院	研发用房
	节能环保企业研发	研发用房
	节能环保企业实验室	研发用房
配套办公	环保公司总部	研发建筑
	节能环保企业办公	研发建筑
	文化旅游企业办公	研发建筑
教育培训	节能环保企业人才教育	研发建筑
	节能环保尖端技术培训中心	研发建筑
	环保行业资质考核与认定中心	研发建筑
节能环保科技服务	"一带一路"环保技术转移中心	研发用房
	节能技术成果交易中心	研发用房
	节能服务数据中心	研发用房
	环境数据/检测/监控/管理中心	研发用房
	节能环保公共技术服务平台	研发用房
	国际论坛及会议中心	研发用房

（2）固废处理功能

根据循环经济要求，落实固废处理及资源协同需求，同时结合各类设施特性、处理工艺及环境影响等，兼顾各类固废处理发展需求，将固废处理及资源协同利用设施分为三个阶段，对应三大功能（表 5-5）。此外，秉承生态优先、环境优先、集约土地的原则，为实现环境园更高效的资源协同利用与绿色可持续发展，以及"共享共建"的园区理念，所有固废处理设施的配套管理服务、办公、科研、生活及科普宣教功能需求由园区统一设置，不在各厂区用地内单独规划建设，尽可能共享同类功能空间并集约用地，具体分区如下。

1）创新型资源循环示范区

该区主要负责入园的生活垃圾及污泥的焚烧处理，同时设置配套服务园区的综合污水处理中心、固废运输车辆停车管养及集装箱堆场。

2）无害化及资源循环示范区

用于建设综合利用类设施，进行资源化处理，包括：建筑废弃物与炉渣综合利用设施、大件垃圾处理设施、园林垃圾处理设施、餐厨垃圾处理设施、果蔬垃圾处理设施、卫生处理设施与粪渣处理设施。

值得注意的是，应充分利用区域天然地理优势，如在山体、水域等要素作为隔离条件作用下形成的相对独立的地理区位，可形成天然生态隔离，将拆解后的景观特性欠缺及噪声污染相对较大的汽车与需要较高生态防护隔离标准的危废医废处理设施亦布置于此区。

3）末端处置区

焚烧炉渣填埋：用于焚烧炉渣、生活垃圾焚烧飞灰、沉淀池底泥等的最终填埋处置。

安全填埋：含危险废弃物焚烧灰渣及污泥焚烧飞灰的填埋处置。

未来已封场的填埋场，可进行环境修复及生态复绿，设置生态修复体验区，打造固废科教、体验及宣传的前沿基地。

固废处理功能构成一览表 表5-5

功能内容	功能产品	用地类型	建筑类型
固废处理	生活垃圾焚烧电厂、污泥处理、危废利用处置、灰渣综合利用生产、焚烧炉渣及飞灰填埋、建渣利用、汽车拆解、餐厨＋高品质厨余垃圾处理、大件垃圾处理、园林垃圾处理、果蔬垃圾处理、年花年桔回植、动物食品卫生处理、粪渣处理等	U	大型厂房

（3）生产和制造功能

以固废处理功能为依托，重点发展固废处理、水处理、再生资源、大气污染处理、环境监测及修复、绿色制造、节能环保七大核心产业，积极承接市环保产业的外溢产能，形成环保产业集聚区（表5-6）。

生产和制造功能构成一览表 表5-6

功能内容	功能产品	用地类型	建筑类型
企业生产	固废处理设备研发制造基地、水处理设备研发制造基地、再生资源产业集聚区、大气污染设备研发制造业基地、环境监察及修复设备研发制造基地、绿色制造产业基地、节能环境园等	M1	厂房

（4）综合配套服务功能

基于企业需求及人才需求构建全方位的企业配套服务及人才需求服务功能体系，打造宜居宜业的绿色园区、活力园区。企业配套服务主要包括金融服务、咨询服务、中介服务及商旅服务，全方位提供企业发展所需的各项服务（表5-7）。人才需求服务主要包括商业配套、文化休闲配套、居住配套、医疗配套及其他标准要求的配套设施，为企业人才提供便利的生活配套服务。

综合配套服务功能构成一览表 表5-7

功能内容	功能产品	用地性质	建筑类型
企业需求			
金融服务	银行、金融机构等	A	办公建筑
咨询服务	法律咨询、投资咨询等	A	办公建筑
中介服务	专利服务、会计事务所等	A	办公建筑

功能内容	功能产品	用地性质	建筑类型
商旅服务	商务服务、酒店等	B	商业建筑
人才需求			
商业配套	开放式街区、购物中心	B	商业建筑
文化休闲配套	图书馆、书店、书吧、电影院、剧院、文化中心等	A/B	商业建筑、文化设施
居住配套	员工宿舍、国际公寓等	附设	公寓、宿舍
医疗配套	门诊部、社区健康服务中心等	附设	医疗卫生设施
其他配套设施	景观绿地、邮政等	附设	其他配套辅助设施

（5）公益回馈功能

为实现与城市的融合发展，园区需为城市提供丰富的、可供城市居民使用的功能，重点为可供市民进入的公共活力空间。

公益回馈功能将主要为周边居民及城市市民提供优质的、可参与的服务配套，主要由工业旅游及公益配套构成（表5-8）。其中，工业旅游旨在通过生态公园、环保主题博物馆及科普广场等功能产品打造公民环保教育基地；公益配套主要针对周边社区居民，为其创造出充满活力的体育活动场地、文化活动中心等活动设施和活动场所。

公益回馈功能构成一览表　　　　　　　　　　表5-8

功能内容	功能产品	用地性质	建筑类型
工业旅游	生态公园 环保主题博物馆 科普广场	A	小型公共建筑
公益配套	文化活动中心 体育活动中心	附设	其他配套辅助设施

（6）功能构成汇总，如表5-9所示。

环境园功能构成一览表　　　　　　　　　　表5-9

功能板块	功能内容	功能产品建议
科创智慧中枢 （创新功能）	创新研发	节能环保产品试验中试中心、能源环境技术研究中心、能源与环境技术促进中心、节能环保企业研发、节能环保企业实验室、环保标准孵化中心、环保技术研究院
	特色学院	节能环保学院
	配套办公	企业公司总部、节能环保企业办公、文化旅游企业办公
	教育培训	节能环保技术人才教育、节能环保尖端技术培训中心、环保行业资质考核与认定中心

续表

功能板块	功能内容		功能产品建议
科创智慧中枢 （创新功能）	科技服务		环保技术转移中心、节能技术成果交易中心、节能服务数据中心、环境数据/检测/监控/管理中心、节能环保公共技术服务平台、国际论坛及会议中心
固废处理功能 （核心功能）	固废处理		生活垃圾焚烧电厂、污泥处理、危废利用处置、灰渣综合利用生产、焚烧炉渣及飞灰填埋、建筑废弃物利用、汽车拆解、餐厨＋高品质厨余垃圾处理、大件垃圾处理、园林垃圾处理、果蔬垃圾处理、年花年桔回植、动物食品卫生处理、粪渣处理等
生产和制造 （生产功能）	企业生产		固废处理设备研发制造基地、水处理设备研发制造基地、再生资源产业集聚区、大气污染设备研发制造业基地、环境监察及修复设备研发制造基地、绿色制造产业基地、节能环境园等
综合配套服务功能	企业需求	金融服务	银行、金融机构等
		咨询服务	法律咨询、投资咨询等
		中介服务	专利服务、会计事务所
		商旅服务	商务服务、酒店等
	人才需求	商业配套	开放式街区、购物中心
		文化休闲配套	图书馆、书店、书吧、电影院、剧院、文化中心等
		居住配套	员工宿舍、公寓
		医疗配套	门诊部、社区健康服务中心
		其他配套设施	景观绿地、邮政等
社会公益服务 （回馈功能）	工业旅游		生态公园、环保主题博物馆、科普广场
	公益配套		文化活动中心、体育活动中心

5.2.4 用地布局原则及模式分析

1. 布局原则

为符合循环经济的要求，环境园布局应满足如下五条原则：

（1）节约土地。在确保足够防护距离的前提下，尽量节约用地。

（2）节能减排。合理安排各处理设施的位置和间距，尽量减少园区内道路、管道的铺设量，减少园区内照明和监控的工程量，减少园区内物质运送的耗油量。

（3）便于资源与能源就近交换。

（4）产生污染的设施需布置在生态防护范围内。

（5）预留弹性空间以利于园区未来建设发展。

2. 整体思路

（1）梳理生态发展框架与环境特性，进行基底分析。

（2）用地适宜性评价、建设用地挖潜分析。

（3）在尊重原有生态基底的条件下，梳理与整合场地自然要素。

（4）结合固废处理工艺流程和产业用地布局，进行功能结构分区。

（5）根据交通流线组织，搭建路网骨架。

（6）根据功能分区，安排用地布局。

3. 空间组织模式

从前文分析可以得出，无论是节能环保企业生产，还是节能环保产业科技创新活动，都要求在空间上实现聚集发展。环境园充分考虑土地供给条件及环境园发展需求，为环境园构建"生态渗透、组团布局、核心强化"的空间组织模式（图 5-15）。

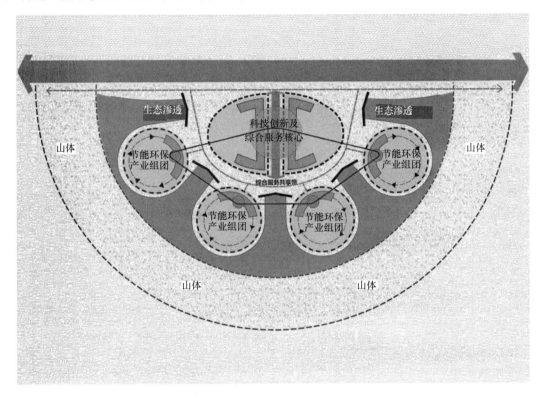

图 5-15　环境园空间组织模式图

（1）生态渗透

山体、河流及绿化包裹各个产业组团，并渗透到各个产业组团内部。

（2）大分散、小聚集的组团布局模式

受限于用地供给条件，产业组团、固废处理及公共服务设施分散布局，通过便捷的交通系统将各组团有效连接，便于各产业组团之间、固废处理组团之间以及产业与公共服务组团之间的联系。同时各个组团内部基于未来入驻企业之间的产业链关系，形成有机的聚集模式，利于能源、废弃物与副产品交换。

（3）核心强化

科技创新和综合服务等核心功能在园区中心聚集发展，形成具有核心竞争力的智慧中枢，保障环境园拥有持续领先的核心竞争力。

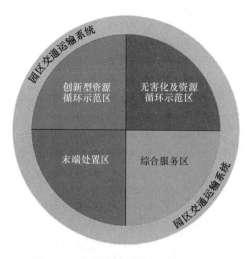

图 5-16　集中式用地布局形式分析图
（来源：作者自绘）

4. 具体布局形式分析

（1）集中式

根据园区自然条件与工艺流程，结合园区管理功能，将三大环卫处理功能用地在空间上高度集聚，并在局部通过规划人工环境进行相对适当分隔的一种用地模式（图 5-16）。

（2）分散式

主要按照环卫处理工艺流程对设施空间进行布局，按照"前端处理—中期循环利用—末端处置"的顺序，对应合理安排空间秩序；并结合各类处理设施的空间需求，统筹考虑园区内各尺度类型的开敞空间，综合形成结构合理、布局完善的用地模式（图 5-17）。

（3）混合式

受自然条件、规划条件的限制，或是相对独立作业环卫处理设施的实际需求，除了上述两种用地布局模式以外，还可以考虑利用园区的运输、参观流线将相对独立的设施与园区主体设施之间进行有机联系，以确保园区整体运营效益（图 5-18）。

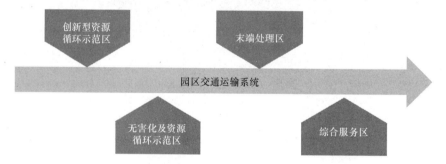

图 5-17　分散式用地布局形式分析图（来源：作者自绘）

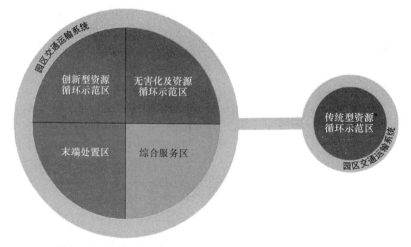

图 5-18　混合式用地布局形式分析图（来源：作者自绘）

（4）三种布置形式的比较，如表 5-10 所示。

三种布置形势优缺点对比一览表　　　　　　　　表 5-10

形式	特点	适用条件	具体案例
集中式	布局紧凑，相对独立	环卫处理规模需求较小，处理类型较为单一，且用地规模较有限	深圳市老虎坑环境园
分散式	流线组织，组团模式	环卫处理规模需求较大，处理类型较复杂，存在物质及能量协同可能，用地规模较充裕，且用地适宜性较好	深圳市坪山环境园
混合式	多样组织，综合处理	环卫处理规模需求较大，处理类型较复杂，存在物质及能量协同可能，但受到用地条件限制，须通过人工建设条件跨越自然条件限制，易形成特色空间	深圳市深汕生态环保科技产业园

5.3　交通规划

5.3.1　环境园道路交通需求特征分析

环境园包含产业、环境基础设施以及相应的生产生活配套服务设施，有多种不同性质的用地类别，相对应的园区内有工业厂区、企业办公、大型环卫处理设施、配套商业、宿舍等多尺度建筑类型。这种多元化的用地性质与建筑类型，决定了环境园区的道路交通需要满足工业、企业、环卫处理、参观培训、休闲游憩等多类型出行需求。因此，环境园的道路交通特征呈现出服务对象复杂、需求多样的特点，需要在原有客、货运交通的基础上，进一步细分各类用地的交通需求并做好交通组织工作。

1. 环境园客运出行特征分析

由上文分析可知，园区内的人口应包括园区内企业职工和园区到访人员两类。前者若在园区外居住，则主要出行需求为上下班的通勤需求，出行方式包括短距离的步行和自行车，长距离的公交、私家车、出租车、交通车等。若在园区内居住，则要满足购物、娱乐、上学、上班等日常生活出行需求及外出需求。园区内出行目的较单一，出行范围主要在园区内部，距离较短，出行方式主要为步行和自行车；外出出行次数较少，出行方式主要为自行车、公交或出租车。园区到访人员因业务种类不同可能是偶发出行或常态出行，出行方式包括私家车、公交车、出租车等。

2. 环境园货运出行特征分析

环境园货运出行，无论是原材料、半成品或最终产成品，其货物流种类都相对固定和单一，可根据货运量的多少、大小货车的比例进行实际的道路规模和网络规划。

同时，环境园内的货运交通主要包括园区内和出入园区的货运交通两类。园区内货运交通又可分为生产货运交通及生活货运交通，一般生产货运交通多为大货车货运交通，生活货运交通多为配送货运交通。

3. 环境园道路交通需求规律性分析

不同的环境园，其内部的处理设施类型与规模不同，园区内客货运的出行需求也有所差异。但整体上看，作为承载一定区域环卫处理工作的综合性园区，其客、货运交通呈现出较大需求，且具有规律的交通流特性，如表 5-11 所示。园区的交通时空分布在一定程度上决定了园区的道路需求及规划。

环境园交通需求规律分析表　　　　　　　　　　　　　　　表 5-11

影响因素	交通特征
时间分布	处于城市边缘地带或郊区，行人交通具有早、晚高峰的特点，早高峰进园交通量大，晚高峰出园交通量大；环卫车辆及货运交通时间分布可通过交通管制进行合理安排
空间分布	与园区所在地的社会经济发展速度、市民文化生活水平、气候、交通结构等多方面因素有关，随地域、线路、方向和运输量等的差别而变化

环境园道路分为出入口道路和内部道路。出入口道路衔接园区和外部道路，内部道路服务于园区内部交通，相应的交通构成有所差异。根据园区的客、货运需求及交通流时空分布特性的不同，道路在交通容量、设计速度、通行能力、路面结构等方面亦分别考虑。

5.3.2　环境园道路网规划内容分析

环境园是落实生态文明思想与建设无废城市的重要载体，道路是园区交通的基本载体。园区道路网规划直接影响着环境园规划的质量和可操作性，亦影响着市政工程管线的布设以及其他基础设施的建设，因此，必须重视环境园区道路网规划。

环境园区路网规划应适应园区发展的需要，满足环卫，客、货车流和人流的安全与畅通，构建层次分明、功能明确的路网体系。应坚持树立全局观念、注重统筹规划与协调发展、坚持可持续发展战略的原则进行规划。

1. 环境园道路的功能定位

（1）承担交通

环境园区道路的主要功能是承担园区内环卫，客、货车流与人流出行交通需求。进出园区的各种类型和吨位的机动车、非机动车和行人，都在道路上行进。正常情况下，环卫运输车辆的运输需求量高于产业、企业办公及其他需求，货物运输需求大于客运运输需求，机动车运输需求大于非机动车运输需求，园区出入口道路交通需求大于园区内交通需求，交叉口处交通需求大于路段交通需求。因此，在进行道路规划时，需要考虑需求量的大小以及各种出行流线的组织方式。

（2）布设基础设施

环境园区内的各类市政设施与基础设施大多沿道路设置，有的路段可以考虑设置路边停车场地。因此，在设计道路时，应妥善处理各种设施间的关系。

（3）通风、采光、防火

环境园区道路同时也是垃圾处理及改善嗅觉体验的风道，道路的空旷空间可以将风输送到沿路厂房，更换部分有刺激气味的气体。同时，园区道路规划也要协调其他相关因素，包括沿街建筑物的日照、采光与道路走向、密度，道路沿线可布设园区的防火设施等。

（4）美化园区

通过道路断面设计、园区开敞空间打造、城市游憩功能植入等手段，可以在道路空间上展现出园区设计与景观设计的完美融合，着力体现园城融合、环境优美、绿线交融的线性体验空间，并体现出不同区域的特色风格，成为园区的一道亮丽风景线。

2. 环境园道路分类及路网结构类型

（1）园区道路分类

按照道路在城市道路网中的地位、交通功能以及对沿线的服务功能，并参照《城市综合交通体系规划标准》GB/T 51328—2018 的相关规定，将城市道路划分为四级：快速路及主、次、支路。各类道路除了快速路外，根据城市规模、设计交通量、地形等因素又分为三级。其中快速路是城市中有较高车速、为长距离交通服务的重要道路，主要联系市区各主要地区、主要近郊区、卫星城镇、主要对外公路，技术标准要求很高，设计车速为 80～100km/h。

类似地，可根据环境园区的交通特性和需求，以及道路网系统中各级道路比例、交通功能和园区工厂的影响等，将环境园区道路分为主干路、次干路、支路三级路网。

主干路：主干路服务于较长距离交通出行；可用于长距离货运交通的集疏运。

次干路：次干路服务于对交通发生吸引性较弱的功能地块间的联系，或者是在发生吸引较强的地块内部，配合主干路发挥作用。

支路：支路行车速度较低，贯穿于各个功能地块内部，为干线道路向地块内部延伸提供辅助作用。对于范围较小的地块，支路可以作为功能区的分界线。

通过道路等级的合理设置和道路系统的有序连接，实现长距离与短距离交通的有效分离，提高长距离交通的运输速度与效率，保障短距离交通的运输功能。将慢速、短距离支路交通分担到不同等级的道路上，减轻主、次干道的交通压力。

（2）园区路网结构

环境园区的路网结构是指园区内道路形成的骨架形式（几何图形）。城市道路网结构可分为方格形、放射环形、自由式三种类型，有的城市也使用三种方式结合的混合交通模式，经过规划与组织，扬长避短，发挥更大的效益。

环境园区内的道路网应根据园区的规模大小、所处地理位置以及和外部城市交通的衔接结构进行结构类型规划。由于环境园区一般设在城市外围区域或者郊区，用地规模较小，不适合使用放射环形的结构形式。方格形路网形式简单，有利于建筑布置、土地规划和方向识别，且开发土地在拆分组合上具有灵活性，比较适合环境园区的路网形式。但是，在地势不平坦或地形复杂的地方，就必须采用自由式的布置形式。

（3）园区道路级配

在确定了园区道路网络结构形式之后，就需要将上述各种类型的道路填充在道路网络中，路网级配就是各层次道路在道路网络中所占的比例。

路网的容量与路面宽度、路网结构、道路长度等有关，此外路网级配以及网络连通性也对其有一定的影响。主干路、次干路以及支路之间根据合理的比例与衔接关系组成一个整体的道路网络时，这个道路网络的整体效应才可以得到发挥。反之，如果各个路网功能组成部分在衔接关系上层次混乱，数量上比例失调，即使道路面积总和并不少，但是由于丧失了协同效应，道路网络的整体容纳能力必定相应减少。

实际经验表明，由主干路到支路，其合理的路网级配结构是"金字塔"形，也就是等级越低的道路其路网密度也就越高。而目前环境园区路网规划中，存在主干路比例相对过高、支路比例不足的问题，从而造成干道交通很难快速分流，易发生交通堵塞现象。支路过少造成联系不畅，不能实现道路网络的整体功能。

在规划路网结构时，应考虑主干道的走向及纵坡与次干路及支路的衔接，主干路与次干路应力求通畅，支路应"通而不畅"，以减少断头路。为保障行人交通安全，应限制车速。在改造园区路网时，通常增加支路网的密度比拓宽干道、大拆大建更容易有事半功倍的效果，同时也能够避免陷入修路、堵塞、再修、再堵的怪圈。

3. 环境园道路断面选择与设计

道路的横断面是垂直于道路中心线方向的断面，由车行道、人行道和绿化带等部分组成。横断面设计在道路红线范围内进行，与道路性质和规定的红线宽度相关。

三幅路适用于路幅宽度较宽，非机动车交通量大，车速较高的主要干道。单幅路适合路幅宽度较窄，交通量小、机动车不多等情况。目前，在我国城市道路网建设中，通常采用三幅路和单幅路，而双幅路和四幅路用得较少。

对于环境园这种特定研究对象，考虑到主要进行的是环卫运输与货物运输，结合大型货车行驶特性，建议将主干道设置为四幅路；对于环境园区配套服务区内，建议使用三幅路或两幅路。

4. 环境园道路交叉口交通渠化

道路交叉口是道路交通的瓶颈部位，是园区道路网络中的重要组成部分。道路交叉口设置的合理性对于相关线路甚至整个路网交通的功能发挥有直接影响，它对于园区道路的车速、通行能力、交通安全以及路网容量都有比较大的影响。

道路交叉口应根据园区规划道路网进行设置。道路相交宜采用正交形式，必须斜交处的交叉角应不小于45°，同时不能采用多路交叉、错位交叉和畸形交叉。

在主次相交和主干道相交的交叉处，宜设置信号灯；支路和支路交叉处一般不设置信号灯；部分低等级道路交叉处，可根据交通量大小设置信号灯。

道路环行交叉相较于其他形式平面交叉口来说，它的形式有一些特殊，环形交叉口是利用渠交叉口化原理，使车流沿交叉口物理位置，不需任何信号装置，平顺地通过交叉口，从而使进入交叉口的车辆都以相同方向绕岛环行，进而避免车辆大角度碰撞和直接交叉冲突。其优点是无须设置信号灯控设施，车辆可以连续安全行驶，车辆平均延误的时间短，减少噪声和污染，可降低油耗，有利于环境保护。其缺点是绕行距离大、占地面积大，不利于混合交通，而且当交通量趋近饱和时容易出现混乱的状态。当交通量趋近环形交叉口的通行能力时，车辆行驶的自由度就逐渐降低，此时会以相同的速度列队循序前进。稍有意外，就会发生拥挤、降速甚至阻塞。因此，可以在环境园区中道路交通量较小的交叉口设置成环形交叉口，在环形交叉口中央设置园区标志性建筑或设置圆岛进行绿化。

园区对外交通分为出入境交通和过境交通。过境交通的基本设计原则为"近园"而不"进园"。环境园大多远离城市，与过境交通的衔接特别重要。通常园区的过境路与主干路直接相连。为保证安全，园区道路应采用较高标准，各个方向应保证至少两个出入口，园区道路两侧不宜设置大量的出入口，从而保证交通畅通。

5.3.3　整体要求

1. 目标要求

构建与所在城市战略相适应，同时有利于园区与城市设施共享、空间融合发展，满足城市垃圾集疏运要求，功能清晰、结构合理、城乡统筹的道路交通网络，与周边地区主要道路合理衔接。完善环境园区内部的主、次干路系统，保证满足设施用地交通服务的支路网密度，形成在园区外以快速路和主干路为骨架、园区内能与服务用地及设施的道路等级匹配的结构合理的道路网系统。

（1）对外衔接

强化与高速公路、周边国省道和城市快速路等对外交通关系的对接，使得环境园区的路网与外围的道路网保持顺畅连接，有利于增强园区自身的物流及疏运能力，强化与腹地的联系。

（2）结构合理

环境园区内部道路网络系统按一级主干路、二级主干路、次干路和支路进行分级，各级别道路应分工明确、级配合理。合理安排道路网络建设的时序，按照交通需求的发展进行安排，并满足景观、形态、管线布设等方面的要求。

（3）紧密沟通

尽量使货物在环境园区内流动的路径最优化，尽量做到避免迂回、缩短距离。确保各个功能区之间的有效连通，为功能区之间的作业交流提供便利条件。园区内主要人流集中在综合服务区，其次是其他作业区。应注意主要人流活动和办公区域之间的衔接，使工作人员可以快捷地到达各个功能区域。

（4）功能差异

环境园区各功能区在用地性质、开发强度和人口分布上有很大的差异，这直接导致各分区的交通需求在特性上存在较大的差异。因此，园区路网在规模、级配和横断面的布置上都应有所区别，使各分区路网适应不同功能区交通需求。

2. 原则要求

（1）与环境园空间形态和设施用地布局相协调。
（2）保证园区路网整体功能匹配和系统协调。
（3）做好预留和控制工作，规划应有弹性。

3. 规划要求

（1）整合环境园区道路网与外围道路网。
（2）加强环卫车辆及疏运通道规划建设。

(3) 道路网规划应富有弹性空间。

(4) 重视环卫运输路线沿线及节点的城市生态环境保护。

4. 主要道路功能定位要求

(1) 园区外围干道

主城、港城以及其余各主要组团之间的快速、大容量联系通道，为市域范围内中、长距离的机动车交通服务，并与高速公路、国省道干线共同构成市域高/快速交通主动脉，实现城市的快速对外联系。

(2) 园区结构性主干路

为环境园各功能组团之间的重要联系通道，结合园区支路网构成园区道路网系统，共同融入城市高速公路、国省道干线公路以及快速路，构成市域骨架路网。

5.3.4 技术要点

1. 交通量预测

因各城市经济与社会发展的水平存在差异，因此，为确保交通量预测的准确性，应对环境园所在城市与区域的经济社会发展水平做出充分的调研与分析，准确掌握城市发展所处阶段，为城市与园区交通量预测提供坚实基础与依据，并可根据分析结果进一步校核垃圾产生预测量。

2. 紧密衔接城市国土空间规划

《土地管理法实施条例》修订案明确了建立"全国统一、责权清晰、科学高效"的国土空间规划体系，首先要按照整体谋划新时代国土空间开发保护格局的要求，在资源环境承载能力和国土空间开发适宜性评价工作基础上科学布局；全面对接好国土空间规划编制、审查、实施、管理等全过程内容要求，核实城镇开发边界、开发总量、限定容量等安全底线要求；衔接国土空间规划编制实施的内容、要求、目标等，确保环境园规划在用地布局、结构、用途管制要求等内容上的一致性，确保园区后续建设与运营的监测、评估、预警等工作的顺利实施。

3. 明确运输方式及运输装备

根据城市经济、社会发展规划与城市国土空间规划，合理确定固废运输方式。环境园垃圾运输方式的选择应符合节约用地、方便集运、保护环境的要求，并应考虑结合所在区域的自然地理和环境特征，合理选择道路、铁路、水运和管道等运输方式。

针对生活垃圾、污泥、医疗废物等物料，研究其长途运输适宜的运输工具和设备，对各类设备工具进行技术参数核对，并研究适宜的型号、尺寸等。

4. 垃圾转运点的规划选址与设计研究

基于国土空间规划中城镇土地利用的基本情况和垃圾转运点的资源条件，论证垃圾转运点的备选方案和用地情况，提出推荐的垃圾转运点建设场址及最大可利用的规模，匡算类型、等级要求下的转运极限容量和转运能力。基于选址结论，对推荐场址进行规划设计条件分析，明确用地规模、用地性质、停车位数量和规模、服务范围、主体功能设施、初步总平面布局以及作业定员等内容。

5. 妥善处理"过境交通、出入园区交通与园区内部交通"的关系

在前述基础上，制定交通运输组织方案，重点关注"过境交通、出入园区交通与园区内部交通"，包括各环节装卸和接驳操作流程、作业时间安排等；提出能与环境园建设相衔接的建设工期和实施时序。

（1）环境园应积极融入所在区域公路、铁路、水运交通一体化发展规划要求之中，加强与园区周边城市交通规划、建设、管理的协调，重视与区域重大交通基础设施实现共建共享，促进园区发展更好地融入城镇发展。

（2）充分利用城镇轨道交通、高速公路为骨架的快速客货运通道，积极争取环境园区交通与过境交通的高效衔接，同时立足园区交通的建设积极推进城区大型交通基础设施的建设，促进区域高快速公路网的不断完善。

（3）注重环境园出入口通道的建设，强化与周边地区的联系，以充分发挥园区公益回馈设施的利好作用。结合周边相邻城市的干路网规划，协调与周边城市道路网络的衔接，尤其是高等级干路的联系，确保与园区周边地区方便快捷的交通联系。

6. 交通影响分析与拟采取措施建议

（1）加强环卫车辆对城区交通影响分析。

对环境园实行交通影响分析和交通环境影响评价分析，在规划设计阶段避免对城市交通和城市环境造成损害与破坏。

（2）制定高效的园区环卫车辆交通管控策略。

紧密结合所在区域交通组织、土地利用布局等情况，合理调整车辆运输路线，尽量减少与城市交通流线的交织，缩短环卫车辆运输距离，并考虑园区环卫车辆停车设施建设等主要方面的需求以及城区交通管理政策，综合制定高效的园区环卫车辆交通管控策略。

（3）针对环卫车辆数量、时间等运输特点，建立科学合理的交通组织管理体系和交通控制系统。

（4）合理利用道路交通时空资源，提高园区环卫车辆交通秩序，降低对其他各交通主体的相互干扰，为各交通主体创造良好的出行环境。

（5）合理组织出入园区、过境交通，减少过境交通与城市交通的干扰。

（6）完善园区的交通控制系统和交通监控系统，逐步建立智能化交通诱导系统，提升园区交通控制指挥的水平，提高交通系统的运行效率。

5.3.5　服务不同用地布局的园区交通规划

1. 总体构思

因地制宜地构建功能清晰、城市交通及环境能相容的陆路与海陆联运体系。结合路网和航线格局、交通流量特征、运输成本敏感度等因素，确定交通组织基本原则如下：

① 重点以高快速路为骨干进行组织，实现快速集散。

② 应兼顾全市货运交通组织政策，避免与现行交通管制政策冲突。

③ 尽量保障与城市客运交通相分离，减少对城市交通的影响。

④ 避开核心建成区，减少对城市环境问题的影响。

⑤ 考虑通道承载能力，保障与道路能力相匹配。

2. 集中式用地布局交通规划

（1）重难点分析

① 环境园区内部的主要功能的顺畅联系需求。

② 园区所处自然地形条件的合理与综合利用。

③ 重点关注园区内各项设施的内部处理工艺的交通需求。

（2）交通规划技术要点

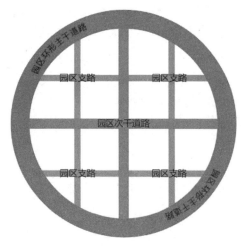

图 5-19　道路交通组织示意图 1

（来源：作者自绘）

① 基于规划工作边界条件，通过交通规划节约集约利用土地，加强土地资源高效利用。

② 针对环卫处理设施集中化布置，通过园区道路设置实现园区物质与能源高效综合利用。

③ 循环经济是环境园的核心内涵之一，园区交通规划要着力体现环境园区的循环理念，加强园区资源的循环利用。

（3）道路交通形式建议

根据环境园区的功能类别，将园区按照功能组团划分为"前端处理区""循环利用区""末端处置区"，园区的路网规划应根据不同的功能与设施用地布局采取不同的布置方式；整体上，建议结合环境园的功能分区，采用"环形＋方格网"式的路网形式（图 5-19）。

3. 分散式用地布局交通规划

（1）重难点分析

① 分散用地布局下，道路交通规划与园区整体工艺流程的高度匹配。

② 由于存在空间距离，交通规划应满足各功能组团之间的相互联系需要，以及组团内部的物质与能量流动需求。

③ 应考虑地形等自然条件限制，重点关注道路及用地竖向的建设经济性要求。

（2）交通规划技术要点

① 建立工程建设全流程思维，将道路竖向条件作为交通规划的重要考量因素之一。

② 充分利用防护空间，严格按照垃圾处理的前、中、后期工作流程组织园区交通流线。

③ 考虑末端处置环节填埋场的空间防护需求。

（3）道路交通形式建议

受用地条件限制，以及组团式用地布局模式要求，将处理工艺与空间组织结合起来，采用一条或多条贯穿的，且既满足用地布局需求，又能保障园区内交通高效运转的主干道路，同时结合多层次园区次干道与支路，构成紧密衔接的鱼骨状路网结构形式（图 5-20）。

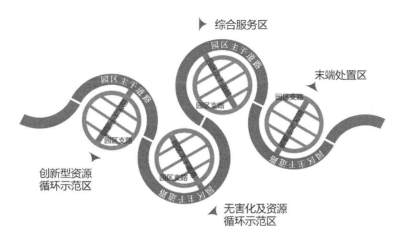

图 5-20　道路交通组织示意图 2（来源：作者自绘）

4. 混合式用地布局交通规划

（1）重难点分析

① 注意组织好主要功能区划与辅助功能区划的交通流线关系，避免相互干扰。

② 注意做好主要交通出入口的预留与管控。

③ 协同用地布局，利用自然环境特点做好隔离防护工作。

（2）交通规划技术要点

① 通过交通组织实现园区用地功能多元联系与统一安排。

② 打通各类限制条件下功能组团之间的有效联系。

③ 丰富园区道路交通层次，组织立体交通网络，充分衔接园区内外道路系统。

（3）道路交通形式建议

自由式路网结构。为解决主体功能空间不连续分布的问题，有时需要建立跨越空间的交通运输体系，应秉持安全性、适用性与经济性原则要求，首先解决好多个主要出入口与园区主干道路的联系需求，而后构建主体功能区内部的道路交通体系（图 5-21）。

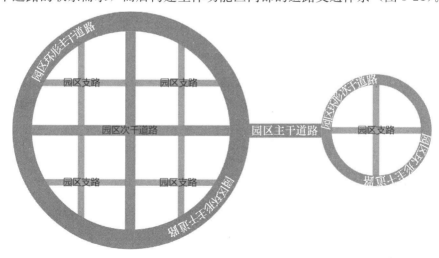

图 5-21　道路交通组织示意图 3（来源：作者自绘）

5. 小结

以上结合用地布局的影响，对环境园的交通进行了综合分析，可以看出，由于路网结构的不同，尽管路网规模相同，路网的容量也会存在差异（表5-12）。因此，在路网的具体规划过程中，应选择适合的形式以提高路网的利用效率，增大路网容量。

不同用地布局模式下的交通规划模式　　　　　　　　表5-12

用地布局类型模式	道路交通优劣势	适用条件	路网示意图
集中式用地布局模式	优势：交通分布均匀，组织分布简单 劣势：非直线，系数大	地形平坦地区 中小城市 大城市局部地区	
分散式用地布局模式	优势：非直线，系数小 劣势：园区内核心处理设施交通压力大，且容易形成不规则用地	大城市和特大城市	
混合式用地布局模式	优势：充分结合地形，易形成独特景观 劣势：非直线，系数较大，对园内交通组织和管理要求较高	自然地形条件复杂的地区	

5.3.6 环境园公共交通系统规划指引

1. 智能轨道快运

有条件的区域，可先行在园区内规划小运量智能轨道快运环线，与片区交通线对接，如某环境园结合所在城市轨道规划，延伸一条支线（小运量）入环境园，作为园区与合作区轨道主干网和鹅埠枢纽站的重要联系廊道。

考虑结合园区主要客流集中区域，在园内引入区域小运量通道，沿园区主要客运通道规划形成一个小运量交通环，沿线结合主要功能地块，设置停靠站（图 5-22）。

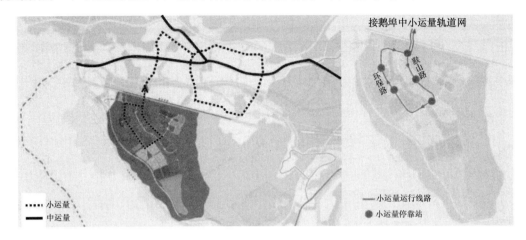

图 5-22　某环境园区小运量智能轨道环线规划示意图

2. 常规公交线网

环境园常规公交线网应结合不同距离出行需求，构建长距离快速、中距离网络、短距离到门的三层次公交服务，并控制公交出行时间。

（1）快线

定义：服务对外长距离出行，依托高、快速路布设，联系城市各组团及客运枢纽，为城市长距离出行客流提供快速服务。

操作指引：沿公交主走廊布设，实现环境园与合作区各功能组团和枢纽快速联系，设置间距控制在 800～1000m。

（2）干线

定义：服务周边片区中距离出行，覆盖城市客流走廊，为走廊提供沿途集散服务。

操作指引：沿公交主走廊布设，实现环境园与周边组团的快速联系，依托公交干线，满足中距离公交联系需求，提供广泛覆盖、路权保障的公交服务，平均站间距约 300～500m。

（3）支线

定义：加密次、支路通道公交覆盖，满足园区内各片区之间的出行，提供高品质、门到门的公交服务（图 5-23）。

操作指引："走街串巷"为社区、街道提供短距离、广覆盖的线路服务，同时衔接换乘枢纽，为上层次线网提供接驳支持。公交支线布设在快线、干线未直接覆盖区域，为园区各功能片区间的出行提供门到门服务。参照其他产业园区，结合环境园大尺度地块，将平均通道间距控制在 300～500m，将乘客步行时间控制在 5min 内。规划 3 条内部片区联系支线，2 条片区内部环线，满足"生活服务区到厂区、生活服务区到办公区"的门到门公交联系。

75

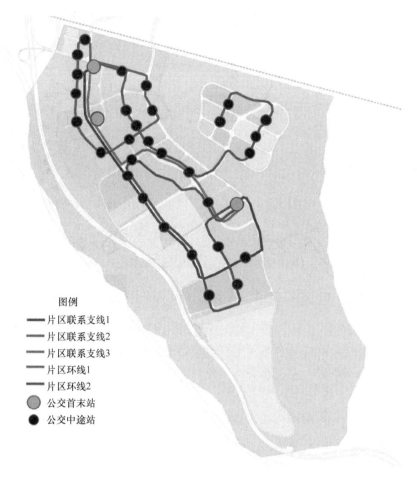

图 5-23 某环境园支线公交系统规划示意图

5.4 配套设施规划

5.4.1 给水规划

1. 资料收集

给水规划需要重点收集环境园内及周边城区现状水源、给水管网、给水厂站情况，给水相关详细规划、专项规划，国土空间总体规划、详细规划中给水相关内容，周边区域自然环境、社会经济发展等相关基础资料。

2. 规划内容

（1）现状分析：现状片区及周边区域水源、给水设施及管网、给水系统运行情况分析，总结现状存在问题。

（2）用水量预测：根据环境园的用地规划情况，预测园区用水量，确定用水指标。

（3）水源规划：选择水源，并根据上层次规划确定水源种类、位置、规模。

（4）设施规划：确定给水水厂、加压泵站的布局、规模及用地要求；确定给水水厂、加压泵站和高位水池的位置、规模及用地面积。

（5）管网规划：确定给水主、次干管道的布局、管径及给水管道的规划原则，并进行给水管网平差计算，确定给水主、次管道的布局、管径及一般管道的设置概况。

3. 注意事项

（1）给水量预测应针对不同类型固废处理设施的特点，分别提出用水量指标，以满足后续用水需求。若在环境园内规划洗车场用地、污泥处理设施用地时，应特别注意增加用水量指标，满足其特殊用水需求。

（2）给水量预测应符合各地关于给水量预测的相关政策和规范要求，并考虑环卫设施的特殊需求，表 5-13 中列出了环境园内各处理设施给水量预测指标，可供参考。

环境园给水量预测指标参考表 表 5-13

序号	用地性质	用水量指标 [m³/(hm·d)]	污水量 （万 m³/d）
1	停车场、洗车场用地	冲洗 1.2 万车	0.06
2	粪渣处理用地	50	0.01
3	生活垃圾卫生填埋用地	20	0.17
4	生活垃圾处理用地	生活垃圾焚烧量 1.5 万 t	4.50
5	其他垃圾处理用地	50	0.04
6	弃料及其他废弃物处理用地	20	0.02
7	危险废弃物处理用地	50	0.07
8	污泥处置用地	污泥处置量 0.5 万 t	1.00
9	其他公用设施用地	50	0.25

5.4.2 污水规划

1. 资料收集

污水规划需要重点收集环境园内及周边城区污水源、排水体制，污水管网、污水处理厂规模情况，污水相关详细规划、专项规划、国土空间总体规划、详细规划中污水相关内容，周边区域自然环境、社会经济发展等相关基础资料。

2. 规划内容

（1）现状及问题：现状排水体制、污水工程现状、水体污染状况及存在问题分析。

（2）规划目标：确定排水制度、污水处理率、采用的最小管径等。

（3）污水量预测：结合园区垃圾处理设施的特性和垃圾处理量，预测近远期污水量。

（4）污水设施规划：确定污水工程整体布局，划分污水收集范围；复核污水处理厂、主要污水泵站的布局、规模及用地要求；确定各污水厂的处理工艺，确定污水厂、泵站的位置、规模及用地面积。

（5）污水管网规划：确定污水主干管道的布局、管径及污水管道的规划原则，确定污水主、次管道的布局、管径及一般管道的设置概况。

3. 注意事项

（1）污水量预测要考虑环境园设置的特殊设施用地，如洗车场用地、粪渣处理设施用地、垃圾填埋处理设施用地等，参考当地关于污水量预测的相关要求进行预测。

（2）污水量预测应符合各地关于污水量预测的相关政策和规范要求，并考虑环卫设施的特殊需求，表5-14中列出了环境园内各处理设施污水量预测指标，可供参考。

环境园污水量预测参考表　　　　　　　　表5-14

序号	用地性质	折减系数	污水量（万 m³/d）
1	停车场、洗车场用地	0.70	0.04
2	粪渣处理用地	0.70	0.01
3	生活垃圾卫生填埋用地	0.70	0.12
4	生活垃圾处理用地	0.70	3.15
5	其他垃圾处理用地	0.70	0.03
6	弃料及其他废弃物处理用地	0.70	0.01
7	危险废弃物处理用地	0.70	0.05
8	污泥处置用地	0.70	0.70
9	其他公用设施用地	0.70	0.17

5.4.3 雨水规划

1. 资料收集

雨水规划需要重点收集环境园内及周边城区现状水系、湖库分布情况，雨水泵站规模、数量情况，区域降雨量统计资料，雨水管渠、管线情况，雨水相关详细、专项规划，国土空间总体规划、详细规划中雨水相关内容，周边区域自然环境、社会经济发展等相关基础资料。

2. 规划内容

（1）现状及问题：现状排水体制、雨水工程现状及存在问题，内涝问题。

（2）规划目标：确定排水制度、雨水径流控制标准、防洪排涝标准、雨水管渠设计标准等。

（3）设施规划：划分雨水排放流域分区，确定分区雨水排放方式，确定分区雨水排放标准，确定雨水设施的位置、规模和用地面积。

（4）管网规划：确定雨水主、次管渠位置、管径、出口位置及一般管渠的设置概况。

（5）超标雨水应急预案：制定超标暴雨应急预案，确定雨水行泄通道位置、排水规模，确定调蓄设施位置、调蓄能力。

3. 注意事项

若环境园内规划有垃圾填埋设施、粪渣处理厂、污泥处理厂、餐厨垃圾处理厂等用地时，应设定专门的处理方案，对特殊处理设施周边的雨水进行预处理后，再统一进入污水处理厂进行处理。

5.4.4　电力规划

1. 资料收集

电力规划需要重点收集环境园内及周边城区现状电源、电力负荷情况，现状变配电所位置、规模及负荷情况，现状电力管网、通道情况，电力相关详细、专项规划，国土空间总体规划、详细规划中电力相关内容，周边区域自然环境、社会经济发展等相关基础资料。

2. 规划内容

（1）现状及问题：分析规划区内现状电网及相关配套设施存在的问题，分析现状电源负荷及供应情况。

（2）负荷预测：对规划期末环境园内各设施电力负荷规模进行预测，提出单位用地、建筑面积平均用电负荷密度，明确片区所需的各变压等级和变电站容量。

（3）设施规划：明确主要电力设施的位置、数量及规模，提出变电站名称、建设状态、现状及规划规模、用地面积等。

（4）电网规划：确定电力网、规划、架空线路，提出控制高压走廊通道；有高压电缆通道敷设的，需说明电缆线路敷设要求，合理规划敷设的电力排管、电缆综合沟和电缆隧道等。

3. 注意事项

环境园内规划有垃圾焚烧发电厂时，应考虑预留发电厂电力输入与输出廊道，同时做好园区内部能源协同工作，满足园内其他固废处理设施使用，余量还可支持园区配套功能区及周边乡镇、城市日常工作生活使用。

5.4.5　通信规划

1. 资料收集

通信规划需要结合环境园所处区域通信发展情况，重点收集园区及周边城区现状通信业务发展情况、现状通信设施、通信管道相关资料，通信相关详细规划、专项规划，国土空间总体规划、详细规划中通信相关内容，周边城区社会经济发展、人口等相关基础资料情况。

2. 规划内容

（1）现状及问题：规划区及周边现状大中型通信设施分布、使用情况及问题分析；区内通信管网分布、建设、使用情况及问题分析。

（2）通信业务预测：说明通信主要预测的业务类型及方法，预测规划期末固定通信用户、宽带数据用户、移动通信用户、有线电视用户通信业务量及近远期用户数。

（3）通信机楼规划：确定通信机楼和中型通信机房的现状保留、新建、改（扩）建情况，说明规划通信机楼的名称、布局、面积、承担功能及服务区域，确定中型通信机房（汇聚机房）的现状保留、新建、改（扩）建情况。

（4）通信管道规划：确定通信管道体系，说明现状管网处置情况，各级通信管道（骨干、主干管道、次干管道、一般管道等）整体布置，说明主、次干管网的需求、布局、管容等规划概况。

3. 注意事项

通信设施作为园区配套基础设施之一，应充分结合 5G 通信技术发展趋势和园区智慧化发展需要，在规划中预留一定弹性，为园区未来实现智能化管理、建设智慧园区提供基础设施支撑。

5.4.6 燃气规划

1. 资料收集

燃气规划需要重点收集环境园内及周边城区现状能源供应、现状气源、燃气供应及相关设施资料，燃气相关详细规划、专项规划、国土空间总体规划、详细规划中燃气相关内容，周边区域自然环境、社会经济发展等相关基础资料。

2. 规划内容

（1）现状及问题：规划区现状燃气供应和燃气系统布局分析，包括现状气源、燃气管网、设施布局等，梳理现状燃气系统存在的问题。

（2）规划目标：明确规划区气源种类及气源结构、燃气供应方式。

（3）用气量预测：根据供气对象，结合规划指标，预测各类用房燃气用气量，包括年总用气量、高峰用气量、应急储备量等。

（4）厂站规划：合理布局燃气厂站，包括规划新增、保留和改（扩）建厂站位置、规模、占地面积、规划用地情况、建设形式等。

（5）管网规划：确定规划燃气输配系统，根据调峰和应急储备量、预测量，确定调峰和应急储备方式，明确管网的压力级制和工艺流程。

3. 注意事项

环境园内规划污泥、生活垃圾、危险废弃物等焚烧工艺设施时，焚烧炉点火需要使用燃气，对该部分燃气量的测量要单独考虑。在燃气供应时，考虑到焚烧炉点火需要使用燃气瞬时流量大，对市政管网将造成较大影响，规划应采用专线供应，不纳入园区常规燃气供应系统当中。

5.4.7 环卫规划

1. 资料收集

环卫规划需要重点收集环境园内及周边城区现状垃圾收运情况、垃圾分类及收集回收利用情况，环卫相关专项、详细规划，周边区域自然环境、社会经济发展等相关基础资料。

2. 规划内容

（1）现状及问题：垃圾收集、处理现状，各种环卫设施作业情况，垃圾处理厂规模及处理情况。

（2）规划目标：确定垃圾收集、转运、处理模式和发展策略。

（3）规模预测：预测各类环境园垃圾近远期产生量，预测近期、远期的道路清扫和水面保洁面积，并明确相关作业等级要求。

（4）处理设施规划：确定处理设施的位置、规模、工艺、用地面积、服务范围、服务年限等。

（5）转运设施规划：确定规划转运设施布局与规模，确定主要垃圾运输路线，合理确定各类环卫工程设施的布局（位置）、规模、服务范围。

3. 注意事项

由于环境园内规划有各类垃圾的末端处理设施，园区的生活垃圾产生源与末端处理设施相距较近，园区内产生的生活垃圾可采用"分类收集＋直接运输"的方法送到对应的处理设施。园区环卫规划的重点和难点是源头的分类收集和密闭洁净收集与转运。

5.5　地块控制

5.5.1　核心工作

环境园规划中地块控制的核心工作包括：地块使用控制和环境容量控制、建筑建造控制和城市设计引导、市政工程设施和公用服务设施的配套，以及交通活动控制和环境保护规定。同时，也应针对不同处理设施地块、不同建设项目以及不同的开发过程，应用指标量化、条文规定、图则标定等方式对各控制要素进行定性、定量、定位和定界的控制和引导。

结合环境园规划与审批、建设与运营、监督与管理的特点，本书建议应重点围绕"设施空间的选址""规划编制""规划审批""建设""更新改造""检查监督""问责"等过程中可能出现问题的环节，建立依法可操作的技术管理措施。

1. 规划的编制

（1）组织编制机关：各级人民政府、国土空间规划业务主管部门。

（2）编制单位：组织编制机关和具备相应资质等级的规划编制单位。

（3）规划期限：与国土空间规划保持一致。

（4）规划依据：主要依据经批准的各层次国土空间规划、国家有关标准和技术规范，并符合国家有关规定的基础资料。

（5）地块控制的主要内容：土地使用性质及其兼容性等用地功能控制要求；处理设施的排放标准；入园嗅觉控制要求；容积率、建筑高度、建筑密度、绿地率等用地指标；基础设施、公共服务设施、公共安全设施的用地规模、范围及具体控制要求，地下管线控制要求；"四线"及控制要求，包括基础设施用地的控制界限（黄线）、各类绿地范围的控制线（绿线）、历史文化街区和历史建筑的保护范围界限（紫线）、地表水保护和控制的地域界限（蓝线）。

（6）在控制层次方面，一般较大环境园的规模为 $3\sim5km^2$，可独立作为一个规划控制单元；规模较小的环境园，可结合所在片区规划提出规划控制要求和指标。

2. 规划的审批

（1）审批机关：城市本级人民政府、县人民政府。

（2）备案机关：本级人民代表大会常务委员会和上一级人民政府。

（3）专家审查、审批：编制机关组织召开由有关部门和专家参加的审查会；通过后，将控制性详细规划草案、审查意见、公众意见及处理结果报审批机关审批。

（4）公开：自批准之日起 20 个工作日内，通过政府信息网站以及当地主要新闻媒体等便于公众知晓的方式公布。

（5）存档：纸质及电子文档应建立规划动态维护制度，定期进行评估和维护。

（6）修改程序：按照国土空间规划相关的法律、法规、规章等要求进行。

5.5.2 地块控制技术要点

1. 规划协调

环境园规划需要协调的上位规划有城市总体规划、近期建设规划、国土空间规划、环境保护总体规划、国民经济和社会发展规划以及主体功能区规划等。其中，国土空间规划、国民经济和社会发展规划以及主体功能区规划三类代表的是中央或上级对地方的管理，体现垂直管理属性。规划核心内容精练、简洁，多为宏观指标性、原则性的控制要求，对环境园规划的编制影响不大；而城市总体规划、近期建设规划、国土空间规划、环境保护总体规划属于地方事务，是地方施政理念的结果，内容较为具体详细，是环境园规划需要协调的核心内容。

对于国土空间规划的强制性内容，环境园规划应严格落实，不得与之冲突，国土空间规划中非强制性内容属于环境园需要管理的内容，可在环境园规划中进行规定。国土空间规划中确定的指标、空间布局、设施规模和等级等信息在环境园规划中应明确用地边界坐标、具体建设要求。

对于各类规划在空间落实中出现的矛盾、各类专项规划整合过程中出现的不一致进行落地性修改，提供论证报告和技术处理意见，详细说明其调整的依据和理由。

2. 技术管理

前文提到，受限于环卫处理工作对周边区域产生的不利影响，以及环境保护的控制性要求，一般环境园的整体规模不宜过大，如确需设置较大规模的环境园区，也可进一步设置管控单元。因此，对环境园的地块管控可通过建立"社区—地块"两个层级的模式，自上而下分解，形成控制体系。

分层编制的管控思路具备全面覆盖、分级导控、抓大放小的特点，同时通过立体的指标体系，实现地块控制逻辑和控制指标的层层传导，形成严密的技术管理要点。

3. 刚性和弹性

就导控的行政逻辑而言，规划本身具有公权力的属性，严格来讲均应属于强制性内容，区分"导""控"内容是从行政能效和行为选择的角度出发而做出的技术区分。因此，"导"属于行政指导范畴，"控"则应该属于行政强制行为，应从法定依据层面区分"导"与"控"。规划的本质是"行政强制"与"行政指导"的双向过程，合理区分引导和控制的内容，是环境园加强规划的实施性、完善管理刚性和弹性的关键（表 5-15）。

参考以往控制性详细规划的强制性内容，结合环境园的实际规划管理需要，建议园区地块的强制性内容包括：土地主要用途、建设总量、建设密度、建设高度、绿地率、基础设施和公共服务设施配套的规定、历史文化保护区和建设控制地区内的建设控制指标七项。此外，为实现高质量推进基础设施建设工作，本书建议还应将体现环境园去工业化设计的指标，以及环境基础设施排放与入园感官体验作为新的更高的控制要求，由此新增：城市设计的内容和要求、设施达标排放要求、嗅觉化学物控制要求等指标。

环境园地块规定性、指导性内容一览表　　　　　表 5-15

规定性	确定依据	国土空间规划、环卫设施专项规划、环境园规划、交通、产业、城市设计、海绵城市、能源协同、地下空间、防洪排涝、综合防灾等各类专项规划等
	内容	土地主要用途、处理设施的排放标准；入园嗅觉控制要求；建设总量、入园嗅觉控制要求；容积率、建筑高度、建筑密度、绿地率等用地指标；基础设施、公共服务设施、公共安全设施的用地规模、范围及具体控制要求，地下管线控制要求；"四线"及控制要求：基础设施用地的控制界限（黄线）、各类绿地范围的控制线（绿线）、历史文化街区和历史建筑的保护范围界限（紫线）、地表水保护和控制的地域界限（蓝线）等
指导性	确定依据	总体城市设计的引导内容，区段的特色定位、现状特色资源评估、空间结构、景观风貌系统、建筑形态分区和其他需要特别控制的要素、系统等内容
	内容	城市设计总体要求、界面控制、高度分区、开敞空间、交通组织、地下空间、建筑引导、环境设施等

5.5.3　地块划分指引

环境园规划应以《城市用地分类与规划建设用地标准》GB 50137—2011 以及所在地方规划标准、准则中用地分类标准为依据，划分地块并确定各地块的控制指标。

地块划分主要依据规划要求、批地红线、用地性质、现状土地权属以及主次干道等情况综合确定，临近道路一侧的用地界限一般依道路红线确定。同时，应先行排查规划涉及的建设用地指标，对规划范围内现状改造内容情况，以及对于选址周边的影响情况做出合理分析及预判。同时，为充分发挥土地经济价值，并有利于后续园区的管理工作，建议加强不同功能用地的兼容可能，比如：同类性质的用地可以合并或细分地块。

5.5.4　主要控制指标解析

按照总体功能布局，结合各地块用地性质、功能安排设想以及城市设计要求，综合确定地块的控制指标，并明确各地块的控制和指引要求。

地块控制指标包括强制性指标和指导性指标两种。强制性指标包括用地性质、用地面积、容积率及配套设施四项。结合城市设计研究的相关控制指引内容要求，提炼形成环境园区特色的指导性指标，包括绿地率、建筑限高、建筑覆盖率、建筑退后红线、禁止开口路段、建筑形式及体量风格要求和其他环境要求等指标。

1. 用地性质与用地面积

用地性质依据片区整体结构和功能组织综合确定，用地面积为各地块的实际用地面积。

2. 容积率与建筑面积

容积率与建筑面积一般依据规划要求确定。容积率和建筑面积主要由以下几方面因素综合确定：地块区位条件、用地性质、功能安排、景观形象、开发次序、环境质量、交通便利条件等。在此基础上，重点结合片区城市设计分析对地块的建筑体量控制要求，确定各地块的使用强度规划控制指标。地块容积率控制为上限，为便于查阅与使用管理，应将地块控制指标形成"图"或"表"。

3. 指标的弹性管控

在符合相应的规范、标准和所在片区城市设计要求的情况下，应考虑后续开发的不同可能性，并在规划层面采取应对措施，如：相邻商业用地地块若进行统一开发，可在保持其总建筑规模不变的前提下对地块间容积率进行适当的腾挪调整；园区的公共管理与服务设施用地的容积率和地块边界可根据实际需要予以适当调整等。

5.5.5 地块细分与合并

为适应今后可能出现的实际需要，在下一步具体的开发建设中，可根据实际情况对划定的地块进行适当合并和细分开发。

1. 土地细分与合并原则

实际建设中若确实需要对地块进行合并或细分开发建设，应遵循如下原则：

① 保持原地块的土地开发性质及建设总量不变。

② 各地块高度控制应符合城市设计提出的整体高度要求。

③ 原地块确定的公共配套设施总量应保持不变，具体公共设施配置应按国家及地方标准要求进行配置。

④ 原地块之间的城市道路和公共通道可适当调整位置、线形，但不得取消。

2. 土地细分的情况分析

在不影响环境园主体环卫处理功能的前提下，可对地块进行细分：

① 园区配建的商业用地、文体设施用地等地块，若地块面积较大，在具体开发中可结合规模和项目实际，依据城市设计要求适当细分地块。

② 在实际开发建设过程中，可根据其工程建设、开发时序等情况适当细分地块。

3. 土地合并的情况分析

在不影响环境园主体环卫处理功能的前提下，相邻的商业用地、普通工业用地地块，为实现统一开发、达到规模效益，提高土地产出，经规划和自然资源主管部门审批后可对地块进行适当合并。

5.5.6　土地混合使用

规划各地块的土地混合使用要求，应按照国家和地方的相关规定执行。原则上滨水一线的部分商业用地地块和文体设施用地地块可适度相互兼容，普通工业用地可兼容三类居住用地。结合环境园自身的功能要求，以及园区与其他设施共同发展的实际需求，建议具体的土地混合使用情况如下：

① 园区绿地可与污水处理厂、社区体育活动场地、应急避难场所、公共厕所等功能用地混合使用。

② 园区产业用地可与公共交通设施用地混合使用。

③ 园区产业用地可与园区配建设施用地混合使用。

④ 园区宣传教育设施用地可与片区文化活动中心、社区体育活动场地、社会停车场（库）、应急避难场所混合使用。

5.6　生态建设与污染防治

"环境园"是基于国土空间规划、固废处理发展条件与特点，根据"资源共享""以人为本""节能减排""循环经济"等一系列现代城市发展理念而提出的一个新理念。特别是 2021 年来，我国在国家层面战略中不断对固废处理的概念和规划进行优化，核心要求是推动技术升级，加快固废规模化高效利用，提升复杂难用固废综合利用能力。此外，在国家"双碳"背景下，新的发展形势也对大宗固废的综合利用提出了新的要求，开展大宗固废综合利用对节约和替代原生资源、有效减少碳排放等具有显著的协同效应，是实现碳达峰碳中和目标的重要途径之一。随着生态文明建设的深入推进和环境保护要求的不断提高，大宗固废综合利用作为我国构建绿色低碳循环经济体系的重要组成部分，既是资源综合利用、全面提高资源利用效率的本质要求，更是助力实现碳达峰碳中和、建设美丽中国的重要支撑。环境园作为固废处理的综合利用基地，其规划建设也契合国家关于生态文明建设"五位一体"总体布局的发展战略要求。

5.6.1　生态建设

生态建设主要是对受人为活动干扰和破坏的生态系统进行生态恢复和重建，是根据生态学原理进行的人工设计，充分利用现代科学技术，以及生态系统的自然规律，以改善生态环境、提高人民生活质量、实现可持续发展为目标，以科技为先导，把生态环境建设和经济发展结合起来，达到高效和谐，实现环境、经济、社会效益的统一，促进生态环境与经济、社会发展相协调。

开展生态建设，首先要对建设主体进行生态性评价，笔者结合环境园规划建设的实践，总结提出了针对环境园生态建设的指标评价体系，并进行了案例分析，为其他同类园区建设和开展生态性评价提供相应参考。

1. 环境园生态评价

（1）评价指标选取原则

构建"环境园生态性评价指标体系"是为了在建设环境园的过程中运用现代规划概念，对园区的生态性进行综合评估，以实现园区生态建设的目标。对环境园生态性作出科学、准确的评价，解决问题的关键就是要从错综复杂的关系中提炼出具体的表现形式，也就是找出环境园生态性的表现途径以及影响的主要因素。

环境园由破碎分选、生活垃圾处理、污泥及粪便处理、危险废物处理、污水处理、废气处理等诸多功能组合在一起，园区内部及与外界关系十分复杂。因此，要衡量环境园的生态水平，只采用一个或者几个指标难以获得全面的评价信息，必须建立一套完整的指标体系。指标体系的设计和建立必须遵循以下原则：

1）科学完整性原则

构建环境园生态性评价指标体系是一项复杂的系统工程，既要反映系统布局、处理设施、园区环境、污染物排放的生态性及先进性，又要反映以上各因素相互协调的动态变化和发展趋势的指标，并使评价目标和评价指标有机联系，形成一个层次鲜明的整体。对于权重系数的确定、数据的选取、计算与合成等要以公认的科学方法为依托，力求避免不成熟研究基础上的主观臆造。

2）简明性原则

环境园涉及面比较广，应在数目众多的指标中，按照重要性和对系统贡献率的大小顺序，筛选出数目足够少、能表征该系统本质行为的最主要指标。然而，描述区域复合系统发展状况的指标往往存在指标间信息的重叠。因此，在选择评价指标时，应尽可能选择具有相对独立性的指标，避免指标间的重叠和简单罗列，从而增加评价的准确性和简明性。

3）层次性原则

环境园作为一个复杂的系统工程，在指标选择上需要具有层次性，即高层次的指标是低层次指标的综合，低层次指标是高层次指标的分解，也是高层次指标建立的基础。

4）动态性原则

任何事物都是发展的，生态型环境园建设既是一个目标，又是一个过程，所以衡量环境园生态水平的指标体系应具备动态性，体现出系统的发展趋势。通过指标体系的监测、预警和评估功能，调控和完善环境园的功能，实现环境园的生态化和持续化建设。

5）可操作性原则

"环境园生态性评价指标体系"最终供决策者使用，为政策制定和科学管理服务，所以应考虑指标的可取性、可比性、可测性、可控性等，尽量选择具有代表性的综合指标和主要指标，易于分析计算，以便运用和掌握评价指标。

（2）环境园生态评价指标体系

环境园建设可以对园区内各种固废处理工艺进行有机结合，对处理设施进行系统布局，对物质流、能量流进行优化设计，基本实现污染物"零排放"。同时园区实施全面绿化，环卫研发、宣教等附属环卫设施一同建设。因此某种意义上，环境园与生态工业园比较相像。然而，生态工业园追求的是在环境保护效果最大化的前提下实现经济效益的最大化。这又与环境园追求环境效益的最大化有所区别。

因此，通过深入研究"环境园"的内涵和意义，参考国内外静脉型生态工业园指标体系以及相关城市先进的固废处理设施运作情况，结合笔者实际参与的环境园规划项目，提出了"环境园生态性评价指标体系"（表 5-16）。

环境园生态性评价指标体系　　　　　　　　　　　　　　　　表 5-16

一级	序号	二级	单位	指标值或要求	参考值来源
循环经济	1	单位建设用地处理规模	t/(m²·d)	≤0.02	某环境园 0.48t/（m²·d）
	2	垃圾减量化率	%	≥85	日本千叶市垃圾处理厂 84.4%
	3	资源回收率	%	≥14	某环境园 25% 日本千叶市垃圾处理厂 13%
	4	进园垃圾焚烧比例	%	≥65	日本千叶市垃圾处理厂 75.9% 某环境园 15%
	5	焚烧炉渣制砖率	%	90	广州李坑垃圾焚烧发电厂、深圳宝安老虎坑垃圾焚烧发电厂、重庆同兴垃圾焚烧发电厂、成都市洛带垃圾焚烧发电厂、成都第二生活垃圾焚烧发电厂的焚烧炉渣均运往填埋场填埋 宁波镇海垃圾焚烧发电厂的焚烧炉渣用于制砖
	6	单位垃圾产电量	kW·h/t	≥300	深圳宝安老虎坑垃圾焚烧发电厂 250～300kW·h/t 重庆同兴垃圾焚烧发电厂 250～300kW·h/t 成都市洛带垃圾焚烧发电厂 300kW·h/t 成都第二生活垃圾焚烧发电厂 280～290kW·h/t 中山市蒂峰山中心组团垃圾综合处理基地 340kW·h/t 广州李坑垃圾焚烧发电厂 380kW·h/t 宁波镇海垃圾焚烧发电厂每吨垃圾加入约 20% 的煤后发电量为约 750kW·h/t
	7	万吨垃圾供热量	kJ/d	≥9.5×10⁹	—
	8	填埋场使用寿命	年	≥40 年	中山市蒂峰山中心组团垃圾综合处理基地总库容 500 万 m³，规划使用 40 年
污染控制	9	填埋场污染物排放情况	—	不低于国家标准	—
	10	生活垃圾焚烧厂污染物排放情况	—	不低于欧盟标准	广州李坑垃圾焚烧发电厂二噁英等实排数据优于欧盟标准 深圳宝安老虎坑垃圾焚烧发电厂二噁英等实排数据优于欧盟标准 重庆同兴垃圾焚烧发电厂满足《生活垃圾填埋场污染控制标准》GB 16889—2008 成都市洛带垃圾焚烧发电厂满足《生活垃圾填埋场污染控制标准》GB 16889—2008 成都第二生活垃圾焚烧发电厂满足《生活垃圾填埋场污染控制标准》GB 16889—2008

一级	序号	二级	单位	指标值或要求	参考值来源
污染控制	11	工业固体废物（含危险废物）处置利用率	％	100	《综合类生态工业园区标准（试行）》HJ/T 274—2006
	12	填埋场渗滤液处理站污水排放达标率	—	100	—
园区管理	13	公众满意度	％	≥90	深圳市生态工业园建设标准
	14	园区废物拆解和生产加工工艺	—	达到国际同行业先进水平	—
	15	生态工业主题宣传活动	次/年	≥2	《综合类生态工业园区标准（试行）》HJ/T 274—2006
	16	环境管理能力完善度	％	100	《综合类生态工业园区标准（试行）》HJ/T 274—2006
	17	生态工业信息平台完善度	％	100	《综合类生态工业园区标准（试行）》HJ/T 274—2006
	18	园区景观优美度	—	达到景观质量评价分级注册和评价分级标准的 A3 级以上标准	—
	19	园区绿化覆盖率	％	15	《综合类生态工业园区标准（试行）》HJ/T 274—2006 中≥15％ 中山市蒂峰山中心组团垃圾综合处理基地含水面 40％ 某环境园 50.4％
	20	吸附性植物占所有植物比例	％	＞30	—

（3）环境园生态性评价方法

1）标准值计算方法

① 一级指标标准值（U_i）计算

$$U_i = \sum_{i=1}^{n} Q_i T_i$$

其中，Q_i 为某二级指标标准值；T_i 为某二级指标权重；n 为属于该一级指标的二级指标项数。

② 二级指标标准值（Q_i）计算

当指标数值越小越好时，$Q_i = \begin{cases} 2 - \dfrac{C_i}{S_i} & C_i > S_i \\ 1 & C_i \leq S_i \end{cases}$

当指标越接近标准值越好时，$Q_i = \begin{cases} 2 - \dfrac{C_i}{S_i} & C_i > S_i \\ \dfrac{C_i}{S_i} & C_i \leq S_i \end{cases}$

当指标越大越好时，$Q_i = \begin{cases} 1 & C_i > S_i \\ \dfrac{C_i}{S_i} & C_i \leqslant S_i \end{cases}$

其中，C_i 为某二级指标的现状值；S_i 为某二级指标的参考值。

③ 环境园生态性综合评价指数（EI）计算

$$EI = \sum_{i=1}^{n} U_i F_i$$

其中，U_i 为某一级指标数值；F_i 为某一级指标的权重；n 为属于该零级指标的一级指标项数。

2）指标权重确定方法

目前，常用的确定权重的方法主要有专家评价法、主成分分析法、层次分析法（AHP）等方法。

层次分析法是美国运筹学家 Saaty 教授于 20 世纪 80 年代提出的一种实用的多方案或多目标的决策方法。其基本原理是：将被评价系统有关替代方案的各种要素分解成若干层次，并将同一层次的各种要素以上一层要素为准则，进行两两判断比较并计算出各要素的权重，根据综合权重按最大权重原则确定最优方案。层次分析法是目前采用最多的权重确定方法之一，具体步骤详述如下：

① 建立层次结构模型

将环境园生态性评价指标体系所含要素进行分组，每一组作为一个层次，按照一级、二级的顺序排列。

② 构造判断矩阵

判断矩阵表示针对上一层次中的某元素，判定该层次中各有关元素的相对重要性的状况。按照表 5-17 的标度方法，两两元素相互比较。

比较元素的 9 分制标度方法　　　　　表 5-17

a_i 与 a_j 比较	a_i 相对 a_j 的重要程度	意义
a_i 与 a_j 相比同等重要	1	$a_i = a_j$
a_i 与 a_j 相比稍微重要	3	$a_i = 3a_j$
a_i 与 a_j 相比相当重要	5	$a_i = 5a_j$
a_i 与 a_j 相比强烈重要	7	$a_i = 7a_j$
a_i 与 a_j 相比极端重要	9	$a_i = 9a_j$
a_i 与 a_j 的重要性在上述描述之间	2，4，6，8	
a_i 与 a_j 的不重要性比较在上述描述之间	相应上述数的倒数	

采用表 5-17 中的标度方法进行每两个元素之间的比较，构造判断矩阵 A，进行特征根计算 $A_{\mathrm{w}} = \lambda_{\max} \cdot W$，并计算最大特征根 $\lambda_{\max}$，找出它所对应的特征向量 W，即为同一层各因素相对于上一层某因素的相对重要性的排序权重，然后计算一致性检验。

③ 判断矩阵的一致性检验

一致性指标：$C_I = \dfrac{\lambda_{\max} - n}{n - 1}$；一致性比例：$CR = CI/RI$

其中 RI 为平均随机一致性指标，由表 5-18 查取。

平均随机一致性指标　　　　　　　　　　　　表 5-18

阶数	1	2	3	4	5	6	7	8	9	10
RI	0	0	0.50	0.90	1.12	1.24	1.32	1.41	1.45	1.49

3）指标权重值输出

根据指标体系的递阶层次结构，逐层分析，确定元素间两两比较相对重要性的比值。通过构造比较判断矩阵，并以此结果进行矩阵运算和一致性检验，得到各级指标的权重值，如表 5-19 所示。

权重计算结果输出　　　　　　　　　　　　表 5-19

一级		二级		
名称	权重（F_i）	序号	名称	权重（T_i）
循环经济	0.25	1	单位建设用地处理规模	0.14
		2	垃圾减量化率	0.14
		3	资源回收率	0.09
		4	进园垃圾焚烧比例	0.07
		5	焚烧炉渣制砖率	0.05
		6	单位垃圾产电量	0.25
		7	万吨垃圾供热量	0.18
		8	填埋场库容量	0.08
污染控制	0.59	9	填埋场污染物排放情况	0.25
		10	生活垃圾焚烧厂污染物排放情况	0.25
		11	危险废物安全处置率	0.25
		12	填埋场渗滤液处理站污水排放达标率	0.25
园区管理	0.16	13	公众满意度	0.17
		14	园区废物拆解和生产加工工艺先进性	0.21
		15	园区旅游观光、参观学习人数	0.04
		16	园区环境监管制度	0.13
		17	信息平台的完善度	0.04
		18	园区景观优美度	0.14
		19	园区绿化覆盖率	0.08
		20	吸附性植物占所有植物比例	0.19

4）生态性评价标准

需根据调查资料，以确定指标现状值或目标值，按环境园生态性评价方法计算得出各级指标的评价结果，再进一步对综合指数进行分级，以确定环境园的生态程度。参照国内外的各种综合指数的分组方法，设计了 5 级分级标准，并给出相应的分级评语，见表 5-20。

环境园生态性指数分级标准　　　　　　　　　　　　表 5-20

分级	EI	评语	分级	EI	评语
第Ⅰ级	＞0.75	生态程度很高	第Ⅳ级	0.25～0.35	生态程度较低
第Ⅱ级	0.5～0.75	生态程度较高	第Ⅴ级	＜0.25	生态程度很差
第Ⅲ级	0.35～0.5	生态程度一般			

（4）环境园建设生态性预期评价

运用以上指标体系，以深圳市坪山环境园与深圳市白鸽湖环境园为例，结合层次分析法确定权重，最后计算出生态性综合评价指数，对其生态性进行评价。

1）深圳市坪山环境园

根据表 5-16 确定的指标参考值及表 5-19 确定的权重值，先后计算二级指标标准值（Q_i）、一级指标标准值（U_i）和环境园生态性综合评价指数（EI），从计算结果（表 5-21）可得出，坪山环境园若严格按照规划实施建设，则生态性综合评价指数（EI）可达 0.99，可评定为第 I 级，生态程度很高。

坪山环境园建设生态性综合评价指数计算　　　　　　　　　　　　　　　表 5-21

一级	序号	二级	单位	指标值	设计值	Q_i	T_i	U_i	F_i	EI
循环经济	1	单位建设用地处理规模	t/(m²·d)	≤0.02	0.02	1	0.14	0.98	0.24	0.99
	2	垃圾减量化率	%	≥85	85.4	1	0.14			
	3	资源回收率	%	≥14	14.35	1	0.09			
	4	进园垃圾焚烧比例	%	≥65	61.12	0.94	0.07			
	5	焚烧炉渣制砖率	%	90	90	1	0.05			
	6	单位垃圾产电量	kW·h/t	≥300	280	0.93	0.25			
	7	万吨垃圾供热量	kJ/d	≥9.5×10⁹	9.44×10⁹	0.99	0.18			
	8	填埋场使用寿命	年	≥40	1700 万 m³、使用 40 年	1	0.08			
污染控制	9	填埋场污染物排放情况	—	不低于国家标准	国家标准	1	0.25	1.00	0.59	
	10	生活垃圾焚烧厂污染物排放情况	—	不低于欧盟标准	欧盟标准	1	0.25			
	11	危险废物安全处置率	%	100	100	1	0.25			
	12	填埋场渗滤液处理站污水排放达标率	%	100	100	1	0.25			
园区管理	13	公众满意度	%	≥90	—	1	0.17	1.00	0.16	
	14	园区废物拆解和生产加工工艺先进性	—	达到国际同行业先进水平	达到国际同行业先进水平	1	0.21			
	15	园区旅游观光、参观学习人数	人次/年	≥5000	—	1	0.04			
	16	园区环境监管制度	—	具备	具备	1	0.13			
	17	信息平台的完善度	%	100	100	1	0.04			
	18	园区景观优美度	—	达到景观质量评价分级注册和评价分级标准的 A3 级以上标准	A3	1	0.14			
	19	园区绿化覆盖率	%	35	31～40	1	0.08			
	20	吸附性植物占所有植物比例	%	＞30	37	1	0.19			

2）深圳市白鸽湖环境园

根据表 5-16 确定的指标参考值及表 5-19 确定的权重值，先后计算二级指标标准值（Q_i）、一级指标标准值（U_i）和环境园生态性综合评价指数（EI），从计算结果（表 5-22）

可得出，白鸽湖环境园若严格按照规划实施建设，则生态性综合评价指数（EI）可达0.96，可评定为第Ⅰ级，生态程度很高。

白鸽湖环境园建设生态性综合评价指数计算 表 5-22

一级	序号	二级	单位	指标值	设计值	Q_i	T_i	U_i	F_i	EI
循环经济	1	单位建设用地处理规模	t/(m²·d)	≤0.02	0.02	1	0.14	0.98	0.24	0.96
	2	垃圾减量化率	%	≥85	85.4	1	0.14			
	3	资源回收率	%	≥14	14.35	1	0.09			
	4	进园垃圾焚烧比例	%	≥65	61.12	0.94	0.07			
	5	焚烧炉渣制砖率	%	90	90	1	0.05			
	6	单位垃圾产电量	kW·h/t	≥300	280	0.93	0.25			
	7	万吨垃圾供热量	kJ/d	≥9.5×10⁹	9.44×10⁹	0.99	0.18			
	8	填埋场使用寿命	年	≥40	1700 万 m³、使用 40 年	1	0.08			
污染控制	9	填埋场污染物排放情况	—	不低于国家标准	国家标准	1	0.25	1.00	0.59	
	10	生活垃圾焚烧厂污染物排放情况	—	不低于欧盟标准	欧盟标准	1	0.25			
	11	危险废物安全处置率	%	100	100	1	0.25			
	12	填埋场渗滤液处理站污水排放达标率	—	100	100	1	0.25			
园区管理	13	公众满意度	%	≥90	—	1	0.17	1.00	0.16	
	14	园区废物拆解和生产加工工艺先进性	—	达到国际同行业先进水平	达到国际同行业先进水平	1	0.21			
	15	园区旅游观光、参观学习人数	人次/年	≥5000	—	1	0.04			
	16	园区环境监管制度	—	具备	具备	1	0.13			
	17	信息平台的完善度	%	100	100	1	0.04			
	18	园区景观优美度	—	达到景观质量评价分级注册和评价分级标准的A3级以上标准	A3	1	0.14			
	19	园区绿化覆盖率	%	35	31~40	1	0.08			
	20	吸附性植物占所有植物比例	%	>30	37	1	0.19			

2. 生态安全建设

景观生态学是研究生态安全格局和景观过程及其变化的学科，生态安全格局建设是指景观元素的空间布局。

环境园生态建设就是以环境园为研究对象，通过景观生态学的理念，分析景观生态模式、景观组分特征、安全格局、生境、生态敏感性，构建园区生态安全格局，指导园区有序开展生态建设。本部分主要介绍景观生态模式，利用该模式的原理分析研究规划区生态安全构建的基础，并构建环境园生态安全格局。

（1）景观生态模式

景观生态模式强调景观空间格局对过程的控制和影响，并试图通过格局的改变来维持景观功能的健康与安全，尤其关注生态安全格局与水平运动的关系。

1）基本模式

景观空间格局从空间、形态、轮廓和分布等基本特征出发，可以区分出斑、廊、基、网和缘五种空间类型。斑又称为斑块，指不同于周围背景的非线性景观生态系统单元；廊又称廊道，是指具有线或带形的景观生态系统空间类型；基又称基质，是一定区域内面积最大、分布最广而优质性很突出的景观生态系统，往往表现为斑、廊等的环境背景；网又称网络，是指在景观中将不同的生态系统相互连接起来的一种结构；缘又称过渡带、脆弱带、边缘带等，是指景观生态系统之间有显著过渡特征的部分。

"斑块－廊道－基质"形成了景观生态规划模式，是新的景观规划途径的分析、评价和表述的语言，是景观生态学解释景观结构的基本模式。

2）基本原理

基本原理具有关于运动和流动等生态安全格局关系的一般性意义，包括斑块与廊道两部分。

斑块原理包括尺度、数量、形状与位置四个方面。一般来说，斑块面积大，可承载更多的物种；数量上，两个大型的自然斑块是保护某一物种所必需的最低斑块数目，4～5个同类型斑块则对维护物种的长期健康与安全较为理想。斑块包含一个较大的核心区和一些有导流作用及能与外界发生相互作用的边缘触须与触角，更能满足多种生态功能需要。斑块间相邻或相连更有利于物种的整体延续。

廊道原理表现在连续性、数量、构成与宽度四个方面。一般来说，有益的廊道加强孤立斑块之间及斑块与种源之间的联系，必须是连续的，多一条廊道就减少一分被截流和分割的风险。廊道本身应由乡土植物成分所组成，并与作为保护对象的残遗斑块相近。廊道建设越宽越好。

3）景观整体模式

不可替代格局，这是景观规划中作为第一优先考虑保护或建成的格局，具体包括：几个大型的自然植被斑块，以作为水源涵养所必需的自然地、有足够宽的廊道，用以保护水系和满足物种空间运动的需要、开发区或建成区里有一些小的自然斑块和廊道，用以保证景观的异质性。

最优安全格局在不可替代格局的基础上发展而来，是一个理想的安全格局。它强调土地利用分类集聚，并在开发区和建成区保留小的自然斑块，同时沿主要的自然边界地带分布一些人类活动的"飞地"。

（2）生态景观组分特征及生态安全格局分析

1）景观组分即景观类型的成分占比，除传统的景观类型面积比例外，遥感监测得到的生物物理参数也是景观组分的有效刻画方式。不同的地区或不同的研究范围，内部的景观组分具有差异性，最常见的景观类型有耕地、林地、水域、建设用地、牧场、戈壁等。通过观察一段时期内景观类型的动态演变，可反映该研究区域的发展趋势。

解译环境园区景观组分类型，可利用卫星影像（TM 卫星影像、航空影像数据等），与土地利用类型进行比较，分析景观组分和整体格局特征的特点。使用 Erdas、ArcGIS

等遥感图像处理系统软件,将卫星影像数据经过合成、校正等前处理,结合现场调查确定的地面类型资料进行解译,确定不同类型的景观组分,并进行精度验证,形成景观图(图 5-24、图 5-25)。

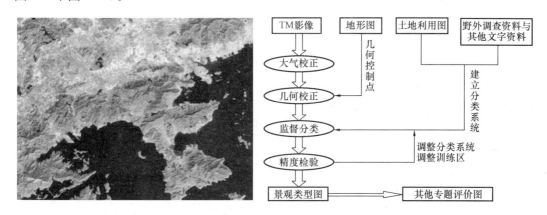

图 5-24　深圳市某区域 TM 卫星影像及卫星影像解译技术流程图

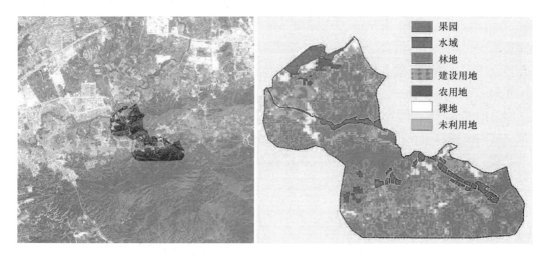

图 5-25　深圳市某环境园周边卫星影像及 2009 年景观组分图

2)生态安全格局指景观中存在某种潜在的生态系统空间格局,它由景观中的某些关键的局部、所处方位和空间联系共同构成。对生态安全格局进行分析,可分为三个方面,按研究对象分:主要为城市、饮用水源地和自然栖息地等;按研究尺度分:主要有国土尺度、城市尺度、村镇尺度和风景区尺度等;按研究方法分:主要从生物多样性保护、水文、地质灾害防治和水土保持等生态过程的研究入手,并根据研究重点的不同进行调整。

归一化植被指数(NDVI)通过测量近红外(植被强烈反射)和红光(植被吸收)之间的差异来量化植被,能反映植被的生长状态、植被覆盖率等基本情况。该指数公式为 $NDVI = (BAND4 - BAND3)/(BAND4 - BAND3)$,计算得到的 $NDVI$ 值介于 -1 与 1 之间,将其分为三个级别,负值表示城建区,对可见光高反射;0 表示有岩石或裸土等;正值表示有植被覆盖。

景观破碎化是现存景观的重要特征，也是景观异质性的重要组成，主要表现为斑块数量增加、斑块形状趋于不规则、内部生境面积缩小、廊道被切断及同类斑块被隔离。以深圳市某环境园为例，通过计算其所在区域 TM 影像的 NDVI 值，可以看出该区域多为建设用地或裸地，其中部存在景观破碎化情况，且缺乏廊道连通。

生态安全特征的研究基于景观组分结构特征和生态风险权重，建立生态安全指数。一般研究认为，安全是风险的反函数，参照综合生态风险指数，生态安全指数计算公式如下：

$$ES = 1/\sum_{i=1}^{N} \frac{A_i R_i}{TA}$$

式中：ES 为生态安全指数；N 为景观组分类型的数量；A_i 为区域样地内第 i 种景观组分的总面积；R_i 为第 i 种景观组分所反映的生态风险强度参数；TA 为景观样地总面积。

生态风险强度参数 R_i 是根据不同景观类型所反映出的综合生态风险程度，采用专家打分法确定。确定权重后，通过采用 $1hm^2$ 的正方形样地对生态风险指数进行空间化，采样方式为等间距，共采样上百次，每个样地可利用生态安全指数计算出一个综合性生态安全值，作为样地中心点的生态风险水平（图 5-26）。

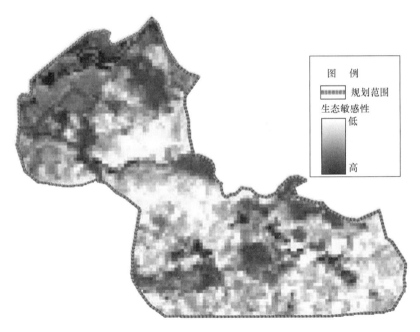

图 5-26 深圳市某环境园 2009 年生态安全指数图

（3）生境分析

生境可称为栖息地，指生物的个体、种群或群落生活地域的环境，包括必需的生存条件和其他对生物起作用的生态因素。生境作为生物栖息的空间，影响着生物的生长、发育，决定生物种内、种间竞争强度和食物链的特征，控制了生物的繁衍。目前，生境敏感性评价的方法是以国家保护的动、植物为指标，来分析各种生境中物种丰富度及其重要性。

以深圳市某环境园为例，根据其土壤、植被及土地用途，划分为低山疏林草地生境、低山人工次生林生境、天然次生林生境、荔枝林生境、种植耕地生境、养殖鱼塘湿地生境、河流湿地生境8种类型。区域内生境类型较为丰富，其中占主导地位的为低丘陵人工次生林生境、荔枝林生境，而养殖鱼塘湿地生境与河流湿地生境水面较为广阔，结合周边的丘陵山地及多变地势，整体生境较为良好（表5-23、图5-27）。

生境类型一览表　　　　　　　　　　　　　　表5-23

序号	类型	面积（hm²）	比例（%）
A	低丘陵疏林草地生境	50.5	10.1
B	低丘陵人工次生林生境	98	19.6
C	天然次生林生境	73.5	14.7
D	荔枝林生境	79	15.8
E	种植耕地生境	19	3.8
F	养殖鱼塘湿地生境	59.5	11.9
G	河流湿地生境	34.5	6.9
H	村落或其他	86	17.2
	合计	500	100

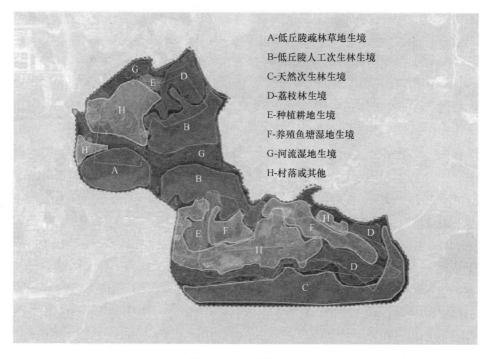

图5-27　生境分析图

区域内地势起伏较大，占主导地位的为高程90～160m的低山丘陵；较平缓地势的区域仅为西北部与西南部的谷地、盆地，现状为村落、耕地、果园等用途，人为活动作用较明显。

（4）生态敏感性分析

生态敏感性是指生态系统对人类活动干扰和自然环境变化的反应程度，说明发生区域生态环境问题的难易程度和可能性大小。生态敏感性评价实质是对现状自然环境背景下潜在的生态问题进行明确地辨识，并将其落实到具体的空间区域。生态敏感性评价在当前资源约束趋紧、环境污染严重、生态系统退化的背景下，已广泛应用于指导生态区划、景观规划、城市规划等领域，为区域的生态文明建设、维持生态平衡、实现人与自然的和谐统一打下坚实基础。

结合环境园建设基本特征，针对环境园小尺度的生态敏感性评价，可选取植被覆盖率、水系、高程、坡度、坡向和用地类型等因子进行敏感性评价。参考与生态敏感性评价相关的研究论文，对环境园生态敏感性因子的生态敏感性进行划分。将其单因子的生态敏感性分为 1、3、5、7、9 五个等级，分别对应极低敏感、轻度敏感、中度敏感、高度敏感、极度敏感。其中就地表植被覆盖率而言，可以用归一化植被指数（$NDVI$）值表示，分别以 $NDVI$ 值为 $[0，0.25)$、$[0.25，0.5)$、$[0.5，0.75)$、$[0.75，0.9)$、$[0.9，1]$ 划分生态敏感程度。水系因子按距离水体的距离 $<20m$、$20\sim60m$、$60\sim120m$、$120\sim 250m$ 和 $>250m$ 划分生态敏感程度。高程因子则可以结合园区 15°坡度的高程为基准，以下为极低敏感；按 25m 为间距划分 5 个等级，最高为极高敏感性，具体间距可结合园区实际平均高程情况进行调整。坡度因子则按 $<5°$、$5°\sim8°$、$8°\sim15°$、$15°\sim25°$ 和 $>25°$ 划分生态敏感程度。坡向因子按正北、东北和西北、正东和正西、东南和西南、正南和平地划分敏感程度。用地类型因子按建设用地、未建设用地、耕地和草地、水域、林地划分生态敏感程度。

由于各单因子对环境园生态敏感性的影响程度不同（表 5-24），故在评价体系中占据的权重不同。运用前文提出的层次分析法，确定出各评价因子的权重。

评价因子权重

表 5-24

序号	评价因子	权重	序号	评价因子	权重
1	植被覆盖率	0.092	4	坡度	0.106
2	水系	0.0468	5	坡向	0.4788
3	高程	0.0259	6	用地类型	0.2506

评分赋值和权重计算后，在地理信息系统中进行空间分析和叠加计算。其基本原理就是应用加权叠加法，将各个单因子与各自所占权重相乘，对加权后的准则地图直接进行 GIS 的算术叠加，最终得到规划区域中每个空间地块的综合得分值。

加权叠加法的计算公式为：

$$E_n = \sum_{i=1}^{m} B_{ij} W_i$$

式中：E_n 为生态敏感性因子的综合评价值；W_i 为第 i 个单因子的权重；B_{ij} 为第 i 个单因子中第 j 个生态因子敏感性评价值；m 为影响因素的个数。然后，再对生态敏感性因子 E_n 进行归一化数据处理得到 E'_n，对归一化处理后的 E'_n 再进行加权叠加计算：

$$F = \sum_{i=1}^{n} E'_n W_n$$

综合评价值 F 代表了该空间地块的生态敏感程度，一般此分值越高，则生态敏感性越强。按照生态敏感程度的高低划分等级，并依据计算结果在空间上划分为五个区域，即高敏感区域、较高敏感区域、中敏感区域、较低敏感区域、低敏感区域。根据上述计算方法，借助 ArcGIS 中 Spatial Analysis 的 Map Calculator 工具进行叠加完成计算。依据分析模型，将各单因子图层和各自权重相乘，叠加后得出生态敏感性评价分级图。

以某环境园为例，借助上述方法，对园区的生态敏感性进行综合评价后，可得出园区生态敏感性分析图，如图 5-28 所示。

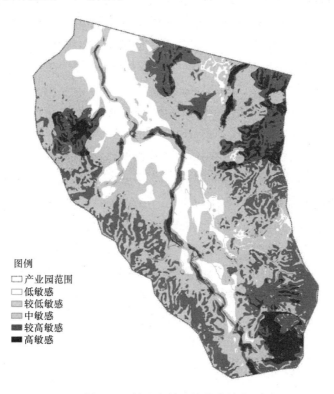

图例
☐ 产业园范围
☐ 低敏感
▨ 较低敏感
▨ 中敏感
▨ 较高敏感
■ 高敏感

图 5-28 某生态敏感性综合评价图

在图中，颜色越深代表敏感性越强，越需要加强保护，必须限制建设开发；颜色越浅表示敏感性越弱，可以优先进行开发建设。

（5）生态安全格局构建

在分析景观组分特征、生态安全、生境与生态敏感性和摸清植被群落的基础上，构建生态安全格局。生态安全格局的空间要素包括：①基质——环境园研究范围；②斑块——范围内不同的面状要素，指不同的生境用地；③廊道——线性要素，指河流或重大山体，这些要素组成基本结构。

景观生态规划对构建区域生态安全格局具有指导性意义，主要通过景观格局调整和集中使用土地，确保大型自然植被斑块完整，保持生物多样性并充分发挥其在景观中的生态功能。景观中关键部位和空间联系的维持是生态安全格局的基础，在格局构建中须注重其相互作用。

　　区域生态安全格局构建须考虑优先性、系统性、区域性、尺度性及主动性五个原则。优先保护自然景观资源和维持自然景观功能及过程；综合考虑生态、经济、社会等方面对生态安全格局的影响；不同区域不同研究对象的景观有不同的结构、功能和生态过程，须采用有针对性的分析指标与方法进行构建；考虑某一尺度的干扰经特定过程会对其他尺度造成的影响；通过生态恢复和生态修复等人为主动干预措施及生态保护，来构建生态安全格局。

　　以深圳市某环境园为例，通过结合其空间要素特点，整合边界外区域的生态用地，构建更突出的生态安全格局（图 5-29）。以生态安全性相对较高、敏感性较低的北部天然次生林用地为纵向景观骨架，连通生态安全性一般、敏感性较高的西北部河流湿地为横向景观骨架，构成园区基本结构，在此基础上形成"一轴一带双核双肺三组团"的生态安全格局。其中，"一轴"为河岸 10～30m 的用地范围，与横向安全骨架一致；"一带"为北部天然次生林用地，与纵向安全骨架一致；"双核"为园区内的关键节点，其中节点一为"轴"与"带"交会的区域，即河道上游，河流湿地景观优美，两岸山体翠绿，可保护性开发建设游赏性公园，提升园区空间节点功能；另外一个节点为"带"上连接南北的关键区域，可通过建设人工湖、广场等适当增加人工绿化，修复节点生态功能；"双肺"为园区内的区域绿地及山系山体，可采用乡土观赏与大气修复吸附树种，营造多层次的立体景观，发挥水源涵养、净化环境的功能；"三组团"为除"轴""带""核""肺"外的用地，可集中布置环卫处理设施。

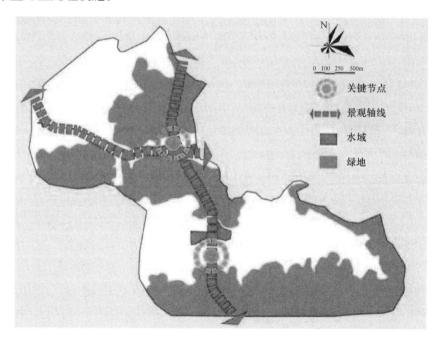

图 5-29　某环境园生态安全格局

5.6.2 污染防治

结合环境园生态评价结果与生态安全格局构建分析，主要从生态性的角度提出了污染防治的相关对策。

1. 环境污染防治

（1）污染源识别

环境园内建设内容较多，主要为污泥处理厂、生活垃圾焚烧厂、餐厨垃圾处理厂、粪渣处理厂等，这几类设施在处理垃圾的过程中容易产生环境污染，主要有影响大气环境的烟尘、恶臭气体、NO_2、SO_2、HCl、二噁英等，固体废物包括飞灰、炉渣及弃料。

（2）污染防治

环境园为集中的废物处理园区，其各类处理处置设施在运作中会存在排放风险而污染环境，需要采取一定的风险防范措施和应急措施，而且更重要的是其焚烧烟气的排放容易对周边生态环境造成长期的、累积性的影响，对附近居民健康造成损害，对人体的生命安全带来影响。因此，垃圾焚烧厂在建设中需要相当谨慎，应通过采取较为先进的技术和设备，保证充足的投资，通过良好的运营管理，以减少污染物的排放，减轻对周边环境的影响，而不仅仅是达标排放。

1）焚烧技术分析

垃圾焚烧技术的核心设备是垃圾焚烧炉或垃圾焚烧锅炉，利用垃圾焚烧热能技术的一般为垃圾焚烧锅炉，即垃圾焚烧炉与余热锅炉的总称。在垃圾焚烧厂总处理量一定的情况下，焚烧炉的选择取决于垃圾焚烧技术的成熟性、垃圾焚烧炉的适用性和可靠性、焚烧炉辅助设备的标准化程度与故障率情况，以及运行调度的经济性和维护成本等。根据国内外多年的经验，垃圾焚烧厂的焚烧炉配置一般多采用 2～4 台（套），焚烧厂的一般处理规模可达 3000t/d。

由于垃圾成分复杂以及热值变化较大，垃圾的燃烧系统及垃圾焚烧炉的炉体结构也有很大的变化。垃圾的主要特性是水分高、灰分高、热值低、物理成分复杂、含有腐败性有机物及有害物质。焚烧炉的设计必须充分考虑到垃圾在炉内停留时间，燃烧温度，烟气在炉内的停留时间及紊流，从而达到固体、气体完全燃烧，控制恶臭及抑制二噁英的产生。

按燃烧方式的不同，焚烧炉的形式可分为机械炉排焚烧炉、流化床焚烧炉、旋转窑焚烧炉和控气型焚烧炉 CAO 及热解炉。由于后两种炉的处理量较小，一般较少使用在较大的垃圾发电厂工程上。

国内的焚烧厂采用的焚烧设备主要以炉排炉和流化床炉为主。机械炉排焚烧炉是较早发展的垃圾焚烧炉形式，经过长期的发展技术日臻完善，运行可靠性高，对垃圾的适应性较强，可燃烧低热值、高水分的垃圾，在燃烧系统上及炉体结构上采取一定的措施，可以适应国内高水分、低热值的垃圾燃烧；采用流化床焚烧技术比炉排炉焚烧技术投资低，而且吨焚烧规模的均装机容量也比炉排炉高。

2）烟气排放控制标准

我国现有的垃圾焚烧烟气排放标准中，台湾地区制定得比较早，于 1992 年就制定了较为成熟的生活垃圾焚烧烟气污染物排放标准，其污染物以浓度为控制指标，并对不同处理量的垃圾焚烧炉规定了不同的污染物排放限值，处理量越大，排放限值越低。2000 年我国第一次制定了垃圾焚烧烟气的排放限值，并于 2001 年进行了修订。我国目前执行的垃圾焚烧排放标准为《生活垃圾焚烧污染控制标准》GB 18485—2014（表 5-25）。

中国垃圾焚烧污染物排放限值（单位：mg/m^3）　　　　　　　　表 5-25

污染物项目	限值	取值时间
颗粒物	30	1h 值
	20	24h 均值
氮氧化物（NO_x）	300	1h 均值
	250	24h 均值
二氧化硫（SO_2）	100	1h 均值
	80	24h 均值
氯化氢（HCl）	60	1h 均值
	50	24h 均值
一氧化碳（CO）	100	1h 均值
	80	24h 均值
汞及其化合物（以 Hg 计）	0.05	测定均值（0.5～8h）
镉铊及其化合物（以 Cd+Ti 计）	0.1	测定均值（0.5～8h）
锑、砷、铅、铬、钴、铜、锰、镍及其化合物	1	测定均值（0.5～8h）
二噁英类（$ngTEQ/m^3$）	0.1	测定均值（6～8h）

（3）二噁英的控制

国内外的研究和实践均表明，减少生活垃圾焚烧厂烟气中二噁英浓度的主要方法是采取有效措施控制二噁英的生成。这些控制措施主要包括：

1）选用合适的炉膛和炉排结构。使垃圾在焚烧炉中得以充分燃烧，烟气中 CO 的浓度是衡量垃圾是否充分燃烧的重要指标之一，CO 的浓度越低说明燃烧越充分，烟气中比较理想的 CO 浓度指标是低于 $60mg/m^3$。

2）控制炉膛及二次燃烧室内，或在进入余热锅炉前烟道内的烟气温度不低于 850℃（但是最好不高于 900℃，以控制 NO_2 的浓度），烟气在炉膛及二次燃烧室内的停留时间不小于 2s，余热锅炉出口 O_2 浓度控制在 6%～10%，并合理控制助燃空气的风量、温度和注入位置。

3）缩短烟气在处理和排放过程中处于 300～500℃ 温度域的时间，控制余热锅炉的排烟温度不超过 250℃ 左右。

4）在减温塔出口处喷射吸附能力极强的活性炭，吸附烟气中的二噁英。

5）选用高效袋式除尘器，提高除尘器效率，进一步去除二噁英。

6）根据需要，适当投加碱性物质，以及含硫、含氮化合物等抑制剂。

7）在生活垃圾焚烧厂中设置先进、完善和可靠的全套自动控制系统，使焚烧和净化工艺得以良好执行。

8）通过分类收集或预分拣控制生活垃圾中氯和重金属含量高的物质进入垃圾焚烧厂。

9）由于二噁英可以在飞灰上被吸附或生成，所以对飞灰应按照相关标准要求进行稳定化和无害化处理。

（4）恶臭的控制

垃圾焚烧厂的恶臭污染源主要来自垃圾池内的垃圾堆体和渗滤液收集池内的渗滤液。恶臭污染物的扩散途径主要是垃圾池内的气体在输送过程中的泄露和停炉过程中的排放，以及垃圾车进厂后的遗洒等。对恶臭污染物的扩散控制可通过工艺系统设计解决。生活垃圾焚烧厂正常运行期间，将垃圾池内的臭气作为燃烧空气，引入焚烧炉燃烧的同时，消除恶臭物质。但是，在垃圾焚烧厂维修保养期间，恶臭污染物不但不能得到焚烧，而且因为垃圾不能及时得到焚烧，其产生的恶臭污染物量更多，浓度更高，若任其自然蔓延，将对周边的生态环境产生恶劣影响。因此，垃圾焚烧厂需采取一定的除臭措施。

目前，治理恶臭气体的主要方法有物理法、化学法和生物法三类。

物理法不改变恶臭物质的化学性质，只是用一种物质将它的臭味掩蔽和稀释，或者将恶臭物质由气相转移到液相或固相。常用的方法有掩蔽法、稀释法、冷凝法和吸附法。

化学法是使用另外一种物质与恶臭物质进行化学反应，改变恶臭物质的化学结构，使之转变为无臭物质或臭味较低的物质。常用的方法有热力燃烧法、催化燃烧法、化学氧化法和洗涤法。

生物法是指利用微生物的代谢活动降解恶臭物质，使之氧化为最终产物，从而达到无臭化、无害化。恶臭生物处理，即生物脱臭，是20世纪50年代发展起来的新兴脱臭技术，是应用自然界中微生物能够在代谢活动中降解恶臭物质这一原理开发的控制技术。

1）掩蔽法

当两种物质以一定浓度、一定比例混合后，其气味比它们单独存在时小，这种现象叫作气味的缓和作用。当因不能肯定恶臭气味的化学组成而不能以适当的脱臭装置去除时，可采用掩蔽法，根据气味缓和原理，采用更强烈的芳香气味和令人愉快的气味与臭气掺和，以掩蔽臭气或改变臭气的性质，使气味变得能够为人们所接受。或采用一种能抵消或部分中和恶臭的添加剂，以减轻恶臭。例如，粪便中粪臭素是强烈的恶臭来源，不含吲哚的茉莉配剂便是粪臭素的良好抵消剂。掩蔽法因每人的感受程度各异而效果不同。

2）稀释扩散法

稀释扩散法是将有臭味的气体由烟囱高空扩散，或者以无臭气体或空气将其稀释，以保证在烟囱下风向和臭气发生源附近工作和生活的人们不受恶臭的袭扰，不妨碍人们的正常生活。通过烟囱排放臭味气体，必须根据当地的气象条件，正确设计烟囱的高度，其目的是保证下风向地面轴线最大浓度不超过恶臭物质的臭阈浓度。

当烟囱排放的含恶臭的废气不能保证下风向地面最大浓度低于阈值浓度时，可考虑用干净空气适当稀释后排放。

3）燃烧法

燃烧法的实质是高温氧化，将臭味物质氧化为无臭无害的 CO_2 和 H_2O 等，根据是否采用催化剂可分为热力燃烧和催化燃烧两种。

热力燃烧法是将辅助燃料燃烧产生的高温燃气与臭气充分混合，使臭味物质在 700～900℃下氧化销毁。使用该法处理臭气时，要保证臭气完全氧化，部分氧化则可能增加臭味，例如乙醇不完全氧化可能转变为羧酸。进行热力燃烧必须具备三个条件：

① 臭气物质与高温燃烧气在瞬时内进行充分的混合；

② 保证臭气所必需的焚烧温度（760℃以上）；

③ 保证臭气全部分解所需要的停留时间（0.3～0.5s）。

燃烧脱臭法在燃烧时产生的热量，须通过热交换器进行废热的有效利用。

热力燃烧法的优点是脱臭彻底、效率高，但需补充足够的燃料，尤其是要获得99.9％以上的净化率时，燃烧温度需大于 872℃，甚至要达到 982℃。其次，臭气物结构中若含有 S、N、Cl 等元素，则燃烧后的产物会有硫的氧化物、氮氧化物、HCl、游离氯等有害物，须结合吸收或吸附等过程，以避免二次污染。

催化燃烧法是将臭气通过间接加热或用辅助燃料产生的高温燃气与臭气混合升温后，进入催化剂床层，在 300～500℃下发生氧化反应，达到脱臭的目的。与热力燃烧法相比，催化燃烧具有氧化温度低、装置容积小、其材料及膨胀问题容易解决、处理费用低等优点。催化燃烧的效率可达 90％以上，而处理费用仅为热力燃烧法的一半左右。催化燃烧法被普遍地应用于各种易挥发的有机废气和臭气的治理中，如石油化工厂、制漆厂、溶剂厂、熏烤食品厂、油墨厂等排放的臭气。它的缺点为石油催化剂的中毒问题，且难于处理高浓度的气体。

4）化学氧化法

化学氧化法是采用强氧化剂如臭氧、高锰酸盐、次氯酸盐、氯气、二氧化氯、过氧化氢等氧化恶臭物质，使之转变为无臭或弱臭物的方法。氧化过程通常是在液相中进行，也有在气相中进行的，如臭氧氧化过程的气-气氧化过程。

① 臭氧氧化法

臭氧是一种必须现场生成的强氧化剂。臭氧处理系统主要包括排气扇、臭氧扩散器、臭氧接触室、输送管网、臭氧生成系统和自动控制系统等。用来分解恶臭物质的臭氧剂量取决于污染物的种类和浓度。臭氧处理法在污水处理厂恶臭去除方面应用得比较成功。一般而言，臭氧剂量为 1×10^{-6}～25×10^{-6}。然而，当污水处理厂产生的废气中污染物浓度很高时，臭氧不能完全氧化这些污染物。另外，未使用的残余臭氧本身又是一种空气污染物。

臭氧对甲硫醇的氧化分解方程式为：$CH_3SH + 2O_3 \rightarrow SO_2 + CO_2 + 2H_2O$。$CO_2$ 和 H_2O 是无臭物质，SO_2 虽然有臭味，但它的阈值浓度为 10^{-6}，甲硫醇的阈值浓度为 10^{-9}，SO_2 的阈值浓度要高得多，因而经臭氧分解后，臭味可大大降低。若再采用碱吸收，则臭味可基本消除。臭氧与紫外光联合作用的光化学氧化法对恶臭的处理效果非常好。由于紫外光的激发，臭氧产生的强氧化作用的自由基等的作用，使得该氧化作用产物一般为水和二氧化碳。该方法停留时间是主要的作用参数。停留时间与恶臭物质的浓度和去除要求有关，一般其停留时间为几秒钟到几分钟。臭氧氧化除臭的缺点为能耗高。

② 催化氧化法

利用二氧化钛作为催化剂的光催化氧化法对恶臭有较好的去除作用。在近 20 年的研究过程中，发现光催化技术直接用空气中的 O_2 作氧化剂，反应条件温和（常温、常压），对几乎所有污染物均具有净化能力。常见的光催化剂多为金属氧化物或硫化物，如 TiO_2、ZnO、ZnS、CdS 及 PbS 等。但由于光腐蚀和化学腐蚀的原因，实用性较好的有 TiO_2 和 ZnO，其中 TiO_2 使用最为广泛。TiO_2 的综合性能最好，其光催化活性高，化学性质稳定、氧化还原性强、抗光阴极腐蚀性强、难溶、无毒且成本低，是研究及应用最广泛的单一化合物光催化剂。半导体光催化作用的本质是在光电转换中进行氧化还原反应。根据半导体的电子结构，当其吸收一个能量不小于其带隙能的光子时，电子会从充满的价带跃迁到空的导带，而在价带留下带正电的空穴。价带空穴具有强氧化性，而导带电子具有强还原性，它们可以直接与反应物作用，还可以与吸附在催化剂上的其他电子给体和受体反应。例如空穴可以使 H_2O 氧化，电子使空气中的 O_2 还原，生成 H_2O_2、OH 自由基和 HO_2 自由基，这些基团氧化能力都很强，能有效地将恶臭污染物氧化，最终将其分解为 CO_2、H_2O 等无机小分子，达到消除恶臭的目的。

5）吸收法

当恶臭物质在水中或其他溶液中溶解度较大，或恶臭物质能与之发生化学反应时，可用洗涤法治理。表 5-26 列出了几种常用的脱臭洗涤液。

臭味气体常用的洗涤液   表 5-26

气体	洗涤液	气体	洗涤液
NH_3	乙醛水溶液	甲硫醇	氢氧化钠或次氯酸钠混合液
NO_2	氢氧化钠或氨水	酚	水或碱液
胺类	乙醛水溶液或水	丙烯醛	氢氧化钠或次氯酸钠混合液
甲醇	水	氯磺酸	碳酸钠溶液
H_2S	氢氧化钠或次氯酸钠混合液	甲醛	亚硫酸钠溶液
氯	氢氧化钠		

由于氨气易溶于酸性溶液中，硫化氢易溶于碱性溶液中，故常用湿式洗涤剂去除这些恶臭气体。通常使用的湿式洗涤剂有两种类型：逆流循环式填充塔和薄雾型洗涤器。另外，错流循环式填充塔也已提出且具有一定的优点。上述三种恶臭去除设备的比较如表 5-27 所示。

三种湿式洗涤器的比较   表 5-27

类型	尺寸	动力消耗	所用试剂	维修要求
逆流循环式填充塔	圆柱形筒，占用空间小于薄雾型洗涤器，但大于错流循环式填充塔	小于薄雾型洗涤器，等于错流往复式填充塔	去除 H_2S 时需要较多的试剂（尤其是次氯酸钠可多达 7 倍），其他情况下所用试剂无差别	需要定期酸洗以去除固体污垢
薄雾型洗涤器	基于接触的考虑，所占用的体积最大。由于高度可调节，规划面积可变	压缩空气的动力要求高	去除 H_2S 时需要较少的试剂，因为硫被转化为较低的氧化态	最低，要求定期清洗或替换喷嘴，可以在系统不脱机的情况下进行

续表

类型	尺寸	动力消耗	所用试剂	维修要求
错流循环式填充塔	由于容器的横断面是矩形，并且其多级结构能被包含在该容器中，故占用的空间最小，规划面积可能大于薄雾型洗涤器	小于薄雾型洗涤器，等于逆流循环式填充塔	与逆流循环式填充塔所用试剂相同	低于逆流循环式填充塔，因为高速率流体在一定程度上可以用来清洗介质

迄今为止，最常用的湿式洗涤器是逆流循环式填充塔。洗涤气液从塔顶部进入并喷淋到填料上，顺着填料自上而下滴流。恶臭气体从洗涤塔底部进入，通过孔隙空间向上运行。气相和液相间的这种对流方式产生湍流，增大了表面接触面积。洗涤气液与恶臭气体充分接触后降落至填充塔的下部，后又被收集再循环使用。一部分洗涤气液继续"向下排放"，目的是防止其中的高浓度溶解固体和悬浮固体对填料造成堵塞。同时补充洗涤液使回流液体保持一定的浓度。20 世纪 80 年代以来，薄雾型洗涤器在恶臭（特别是 H_2S）去除方面也曾得到广泛使用。试剂、水和空气的混合物以液滴的形式喷入一个开放的容器，液滴的大小通常在 $5\mu m$ 左右。用过的洗涤气液在容器底部进行收集。在薄雾型洗涤器中，尽管已设计和安装了循环系统，但是通常用过的洗涤气液作废弃处理而不再循环使用。国外生产商推荐用工厂出水进行洗涤以降低化学成本。错流循环式填充塔在污水处理厂的恶臭去除方面尚未得到广泛应用，但经常被用于其他工业恶臭污染的去除。错流循环式填充塔的工作原理与逆流循环式填充塔的工作原理相似，只不过前者的气流方向和液流方向垂直。

6）吸附法

吸附法为最常用的脱臭方法。常用的吸附剂有活性炭、硅胶、活性白土、离子交换树脂等。其中活性炭是常用的吸附剂。

由于大多数恶臭物质都具有可吸附性，因此可采用吸附法来脱除。吸附法是一项较为传统的技术，其原理是将活性炭等吸附剂填充于吸附塔中，恶臭成分被吸附于吸附剂上，从而达到脱除效果。当吸附剂出现穿透时，可将吸附剂再生。活性炭吸附法可以去除许多恶臭物质。其中，乙醛、吲哚、3-甲基吲哚等恶臭成分通过物理吸附去除；而其他一些恶臭成分（如 H_2S 和硫醇等）则是在活性炭表面进行氧化反应而进一步吸附去除的。活性炭吸附系统的设计和性能取决于吸附剂的类型、恶臭污染物组成及温度、压力、相对湿度等外部条件。典型的活性炭吸附系统主要由输送管、鼓风机、气旋单元和吸附单元组成。在活性炭达到饱和之前，其对恶臭物质的去除率是保持相对稳定的。活性炭的总吸附能力可以达到其自身质量的 5%～40%。可以根据检测系统确定吸附饱和发生的时间。活性炭可以通过热空气、蒸汽或苛性碱浸没进行再生或替换。活性炭吸附法通常和湿式洗涤器一起使用。湿式洗涤器可以去除恶臭中绝大多数的硫化氢和氨，活性炭则主要吸附恶臭中的碳氢化合物，活性炭的预期寿命在 1 年以上。

目前吸附法已经广泛应用于各种恶臭发生源的治理。依据吸附装置的类型，吸附脱臭的工艺又分为三种形式：固定床、流动床及旋流浓缩床。其基本原理都是将恶臭物质浓缩再进行后续处理，主要区别在于吸附剂的使用和再生方式不同。吸附法适用于中、低浓度的恶臭排气处理。旋转浓缩床吸收了固定床与流动床的优点，装置小型、紧凑，活性炭使用量少，效率高，尤其适用于大气量、低浓度的恶臭源治理。其经济性在于将低浓度的恶臭气体浓缩成高浓度、小气量的恶臭气体，供小规模的燃烧装置处理，避免了大规模燃烧装置的高成本。近年来，旋转浓缩床在溶剂回收、脱臭领域的推广应用迅速，特别是仿照蜂巢结构，制成具有蜂窝表面结构的活性炭，被应用于旋转浓缩床中，极大地增强了吸附层的比表面积，脱臭效果显著提高。由于吸附法仅仅将恶臭物质进行了转移或浓缩，所以它有可能存在二次污染，接着还需采用燃烧、冷凝回收或废水处理等方法进行后处理。

吸附脱臭的优点是设备简单，动力消耗少，脱臭效果好，可去除浓缩臭味物，使回收臭味成为可能。由于臭味物质通常臭味强烈，而浓度不高，吸附法是合适的选择。

7）生物法

生物脱臭法通过不断改进完善，已克服了前述物理、化学方法的缺陷，并保持了对恶臭物质去除的高效率，成为治理恶臭的一个重要发展方向。国外以日本、德国、荷兰等国的研究为最多，近年来已应用于低浓度恶臭源的治理中。据报道，至1990年，在德国仅生物滤床便有500余座用于各行各业的恶臭处理。

生物脱臭是利用微生物的代谢活动降解恶臭物质，使之氧化为最终产物。恶臭气体成分不同，其分解产物不同，不同种类的微生物，分解代谢的产物也不一样。对于不含氮的有机物如苯酚、羧酸、甲醛等，其最终产物为二氧化碳和水；对于硫类恶臭成分，在好氧条件下被氧化分解为硫酸根离子和硫；对于像胺类这样的含氮恶臭物质经氨化作用放出NH_3，NH_3可被亚硝化细菌氧化为亚硝酸根离子，再进一步被硝化细菌氧化为硝酸根离子。

生物脱臭法具有物理和化学方法脱臭的特点，存在着设备费用昂贵、运行维护困难、有二次污染等缺陷。由于生物需要持续培养，生物脱臭法不适合于白鸽湖环境园内以间歇处理为主的脱臭需要。

综合以上几种方法，从白鸽湖环境园内各个处理单元在停机检修或者发生事故时，其恶臭气体产生的情况看，不但恶臭污染物产生的浓度高，而且各个处理系统比较分散，采用单纯的掩蔽法、扩散稀释法、燃烧法或者生物法均不合适。可根据各个不同的处理系统产生的恶臭情况的不同，考虑采用氧化法、吸收法、吸附法或者这几种方法的组合，同时也可考虑在采取以上方法的基础上，适当地用掩蔽法加强处理效果。这几种方法的特征和经济性比较见表5-28。

几种脱臭方法的特征与经济性

表5-28

脱臭方法	掩蔽法	催化氧化	臭氧氧化	吸附	药液吸收法
处理气量	小	小	中	范围广	范围广
恶臭浓度	低	高	中	低	中
脱臭效率	低	高	中	高	中

脱臭方法	掩蔽法	催化氧化	臭氧氧化	吸附	药液吸收法
运行管理	易	难	难	易	中
设备费	低	高	高	低	中
运转费	高	高	高	高	低

2. 植物修复建设

结合环境园范围内的植被特点与其污染特征，通过摸清园区内植被概况，选取有利于大气污染生物修复与具有乡土观赏价值的植物，结合大气污染植物修复，营造环境园植物景观。

（1）大气污染植物修复原理

利用植物修复技术来治理大气污染尤其是近地表大气的混合污染是近年来国际上正在加强研究和迅速发展的前沿性新课题。利用植物对大气污染物的吸附、吸收、转化、同化、降解等功能，形成和发展经济、高效、持续、安全的大气污染绿色修复理论和技术，实现污染大气环境的生物修复。大气污染的植物修复是一种以太阳能为动力，利用植物的同化或超同化功能净化污染大气的绿色植物技术。这种生物修复过程可以是直接的，也可以是间接的，或者两者同时存在。植物对大气污染的直接修复是植物通过其地上部分的叶片气孔及茎叶表面对大气污染物的吸收与同化的过程；而间接修复则是指通过植物根系或其与根际微生物的协同作用，清除干湿沉降进入土壤或水体中大气污染物的过程。

大气中污染物一般为物理性污染物、生物性污染物和化学性污染物，因而相应的有物理性大气污染、生物性大气污染和化学性大气污染。污染的大气环境中通常有多种污染物复合或混合，并且污染物具有长距离迁移和干湿沉降等特性。由于植物的种类、群落及其生态习性与功能的差异，不同的植物可以在不同的时空尺度上对近地表（包括室内）空气污染进行修复与净化。

粉尘是主要的物理性大气污染物。绿色植物都有滞尘的作用，但其滞尘量的大小与树种、林带宽度、种植状况和气象条件有关。总叶面积大、叶面粗糙多绒毛、能分泌黏性油脂或浆汁的物种可被选为滞尘树种。

空气中一些原有的微生物（如芽孢杆菌属、无色杆菌属、八迭球菌属及一些放线菌、酵母菌和真菌等）和某些病原微生物都可能成为经空气传播的病原体，即生物性大气污染物。由于空气中的病原体一般都附着在尘埃或飞沫上随气流移动，绿色植物的滞尘作用可以减小病原体在空气中的传播范围，并且植物的分泌物具有杀菌作用，因此植物可以减轻生物性大气污染。

大气环境中的毒害化学物质是化学性大气污染物。植物除了可以监测大气的化学性污染外，更重要的是植物可以吸收大气中的化合物或毒害性化学物质。其中最为典型同时也最重要的是植物通过光合作用对大气中CO的吸收和同化。植物可以通过多种途径修复化学性大气污染物。

（2）植物大气净化机制

1）吸附与吸收

植物对污染物的吸附主要发生在地上部分的表面，吸附程度与植物表面的结构如叶片形态、粗糙程度和表面分泌物等有关。吸收有两种方式：一种是植物用枝干表面吸收气体分子和固体颗粒；另一种为叶内积累，即植物利用其叶面皮孔直接吸收并储存有害气体，尤其是当湿度增大时，植物对可溶性气体的吸收量也大大增加。

2）降解代谢

植物降解是指植物通过代谢过程来降解污染物或通过植物自身的物质如酶类来分解植物体内外来污染物的过程。

3）转化

植物转化是利用植物的生理过程将污染物由一种形态转化为另一种形态的过程。转化后产物还有可能比转化前物质具有更高或更低的生物毒性，但对植物本身无毒或低毒。

4）同化和超同化

植物同化是指植物对含有植物营养元素的污染物的吸收，并同化到自身物质组成中，促进植物体自身生长的现象。某些植物可将含有所需营养元素的大气污染物如 SO_x 和 NO_x 等，作为营养物质源高效吸收与同化，同时促进自身的生长，这种现象称为超同化。

（3）植物对各类污染物的净化

利用植物修复大气污染，不仅能为人们提供风景园林美学上的视觉享受，还能净化空气、美化环境、吸收有害物质、降低噪声、调节小气候，为人们提供舒适的生活环境并满足人们对保健的要求。

1）二氧化硫与氟化物复合污染的净化

植物对大气二氧化硫、氟化物污染的修复过程主要是持留和去除。持留是一个物理过程，包括截获、吸附和滞留等，其持留的效果取决于植物的表面结构，如叶面形态、粗糙度、叶的着生角度和表面分泌物等，但这一过程对气体污染的修复是极其有限的，更多的是靠去除过程来达到修复的目的。去除过程包括吸收、转化、同化或超同化等。

根据华南植物研究所的试验，红树科的竹节树，桑科的小叶榕、傅园榕、菩提榕、环榕，山茶科的大头茶、红花油茶，苏木科的仪花，紫金牛科的密花树，山矾科的光叶山矾等植物，对大气二氧化硫、氟化物污染不但有很强的抗性，而且有很高的植物吸收净化能力，是二氧化硫、氟化物污染严重地区空气净化植物的首选。

另外，山茶科的茶花，番荔枝科的刺果番荔枝，夹竹桃科的黄花夹竹桃，五加科的晃伞枫、鸭脚木，大戟科的银柴，榆科的山麻黄等，这些植物对二氧化硫、氟化物污染抗性中等，也有一定的吸收能力，是二氧化硫、氟化物污染较轻地区的理想空气净化植物。

2）氮氧化物的净化

在所有的植物中，茄科（Solanaceae）和柳树科（Salicaceae）对氮氧化物具有很高的同化能力。

3）氯气的净化

对氯气吸收量高的植物有棕榈科植物、木槿、构树、紫荆、紫薇和罗汉松等。

4）有机类污染物的植物净化

学术界普遍认为植物是从大气中清除亲脂性有机污染物最主要的途径。有研究表明大气中约有 44％ 的 PAHs 被植物吸收，其吸附效率取决于污染物的辛醇—水分配系数。

研究证明常绿灌木能较好地净化多氯联苯。也有学者详细研究了吸附在杉木针叶上的多氯代二苯并对二噁英和多氯代二苯并呋喃的光解日光情况，证实针叶上的蜡状成分可以作为质子供体，从而加速了有机物的降解。植物树叶中的有毒二噁英主要来源于大气干沉降，龙眼、荔枝和大叶榕树叶中的高氯代有毒二噁英比较稳定，更易累积到较高的水平。

5）重金属的净化

植物叶片通过气孔呼吸可以将铅、镉等重金属大气污染物吸滞降解，从而起到对大气污染的净化作用。

不同绿化树种对重金属大气污染物的吸收能力不同。桑树对铅、镉的吸收量最高；大叶榕、小叶榕、马尾松和石榴对铅、镉等重金属元素具有比较强的富集作用，对污染物有一定的忍耐和抵抗能力，适合作为污染区的绿化植物。

（4）植物净化因素与筛选

影响植物净化的因素有气候与土壤条件、植物的自身性质、叶片表面的湿润程度和污染物本身的性质。其中气候与土壤条件直接影响植物的生理条件，是影响污染物吸收的关键因素。

植物对大气污染的反应不尽相同，有的对大气污染物比较敏感，易受伤害，而有的则有较强的抗性。因此，针对不同种类和浓度的污染物，应筛选对污染物耐受性强、去除率高、生物量大的植物。

3. 植物景观建设

城市现代化发展日益加快，人们在生态环境建设的景观塑造中除了满足观赏的需求，营造美好的自然环境以外，也注重植物所产生的生态功能和效益。环境园在建设过程中，需考虑其生态环境的营造，以生态学原理为指导建设植物景观，人工群落与自然群落相结合，因地制宜地对乔木、灌木、草本和藤本植物进行配置，种群间相互协调，充分地使用空气、阳光、土地等自然条件构建成一个和谐稳定的植物群落。植物景观的建设需遵循以下几个原则：

（1）适宜性原则

不同种类的植物具有不同的生活习性，且生长规律和分布规律也具有差异性。需考虑各种植物适宜的生长环境和生存条件，选用本土适用品种，因地制宜地进行规划，不应该为了美观而盲目种植，违背其自然规律。

（2）多样性原则

植物种类繁多，其对自然生态环境的作用和影响也有所不同。根据观赏、隔离、防护等不同的要求构建形成多种多样的植物群落并合理进行组合，发挥其功能性。

（3）时间性原则

应注重植物随时间和季节变化的效果，考虑植物的自然生长和自我演替。

（4）空间性及协调性原则

植物拥有丰富的色彩及形态，根据色调、大小、高低进行组合，并对其进行空间的分配，融合到各类生境内，使植物配置更加丰富多彩、层次分明。

以深圳市某环境园为例，将其划分为河流湿地、广场、道路、环卫设施用地及其防护带、近山、远山等植物生境类型。针对这些生境类型，选取不同的植物，以达到涵养水源、净化空气、优化和提升环境质量的目的，其中道路、环卫设施用地及其防护带的生境需满足生物修复的要求。

1）河流湿地生境

现状河流两岸为自然岸坡，乔木类植物间零星散落着榕树与台湾相思树，局部区域河流水面广阔，景观优美（图5-30）。河流及两岸区域的生态安全性一般，生态敏感性较高，较易受到人类活动的干扰。建议大规模的开发建设活动避开这一区域，尽量保留河流现状自然岸坡，局部河岸营造水翁＋麻竹＋五爪金龙、台湾相思树＋紫荆＋芦竹的典型植物群落。该局部河流近岸浅水区域营造再力花＋纸莎草＋荷花的典型植物群落。

图5-30　河流湿地生境植物景观选取

2）广场生境

广场生境或连接出入口与垃圾处理展示场馆，或为园区内关键节点，能够缓冲人流，为环境园工作人员提供休闲场所，其植物景观营造应突出活跃、鲜明的特色和乡土特色。典型的植物代表群落为凤凰木＋野牡丹＋芒箕、南洋楹＋美蕊花＋山菅兰、尖叶杜英＋三裂叶蟛蜞菊（图5-31）。

3）道路生境

道路是园内环卫处理物质流的载体，其植物景观一要突出防护功能，二要协调道路与周边环境的关系。建议道路两侧至少预留5～30m的范围，营造防护与过渡功能兼顾的生

图 5-31　广场生境植物景观选取

境，确保垃圾运输对园区生态系统的影响最小。典型的植物代表群落为楝树＋桑树＋铁线蕨、枫香＋大头茶＋地菍、榕树＋海南蒲桃＋细棕竹（图 5-32）。

图 5-32　道路生境植物景观选取

4）环卫设施用地及其防护带生境

现有技术条件能将环卫设施产生的污染控制在可接受范围，在此基础上，采用植物进行生态修复，可使污染物在达标的基础上进一步削减。典型的植物代表群落可分为防护垃圾焚烧产生的二噁英、飞灰、重金属的荔枝＋杉木＋小叶女贞、樟树＋黄花夹竹桃＋铁冬青，防护恶臭或填埋场重金属的马尾松＋石榴＋木槿（图5-33）。

图5-33 环卫设施用地及其防护带生境植物景观选取

4. 二次污染防治

（1）噪声污染控制

从声源上预防噪声，使用符合噪声标准的机械并定期对其进行维修及更新，利用自然绿化形成天然屏障，并运用先进的处理工艺。

（2）水污染控制

环境园处理垃圾时容易产生垃圾渗滤液、餐厨垃圾以及各种生产废水等，通过污水处理厂进行收集，并严格按照《生活垃圾填埋场污染控制标准》GB 16889—2008进行处理。

（3）视觉污染控制

视觉污染控制主要是指园区内建设的垃圾焚烧厂、垃圾填埋场等重点设施，在建设过程中严格控制建设造型，避免由于建筑形式、建筑色彩等对周边整体城市形象产生不利影响。

（4）填埋区安全及环境风险控制

严格控制危险废物的入厂检验，对不同类型的固废制定不同的预处理方案，实行分单元、分块填埋及管理，建立风险预警和事故应急救援体系并加强巡查。

5.6.3　小结

（1）根据科学完整性、简明性、层次性、动态性、可操作性等原则构建环境园生态性评价指标体系。运用该指标体系，结合层次分析法确定权重，最后计算出生态性综合评价指数，以对拟建环境园的生态性进行评价。生态安全格局的构建经历了从定性描述到定量分析，静态评估到动态演变及预测，多重类型保护规划到系统整合协调等过程，达成了可持续发展目标。

（2）环境园处理设施进行垃圾焚烧时主要产生大气污染，需利用先进的焚烧工艺，采用严格的排放标准，对二噁英污染气体、恶臭气味等进行防治。根据园区的植被特点、污染物类型，通过生态性原理，适宜性、多样性等原则，选取本土适生植物，结合自然景观，构建自然屏障，有效减少环境污染，且有利于自然的修复；通过对噪声、水、填埋安全等环境问题进行控制及监测，减少对环境园的二次污染；建立园区内的应急措施，保证生产安全。

5.7　环境影响与风险评估

5.7.1　环境影响

1. 环境影响分析

（1）环境影响识别

环境园内建设内容较多，但从其污染范围及受公众关注程度来看，主要集中在污泥处理厂、生活垃圾焚烧厂、填埋场、建筑垃圾处理厂以及餐厨垃圾处理厂和粪渣处理厂，此类设施主要产生的环境影响包含水环境污染、大气环境污染和固体废物。因此，从污染控制角度考虑，环境园布局应充分考虑污泥处理厂、生活焚烧厂以及餐厨垃圾处理厂和粪渣处理厂的布局位置，使其造成的环境影响最低。

污泥处理厂、生活垃圾焚烧厂以及餐厨垃圾处理厂和粪渣处理厂对环境的污染影响识别见表 5-29。

表 5-29

环境园内主要处理设施环境污染影响识别矩阵

影响因子		污泥处理厂	焚烧厂	填埋场	建筑垃圾处理厂	餐厨垃圾处理厂、粪渣处理厂
水环境	地下水环境	—	—	●	—	—
	地表水环境	●	●	●	●	●
大气环境	烟尘	●	●	—	●	
	恶臭	●	●	●		●
	NO_2	●	●			

影响因子		污泥处理厂	焚烧厂	填埋场	建筑垃圾处理厂	餐厨垃圾处理厂、粪渣处理厂
大气环境	SO₂	●	●	—	—	—
	HCl	●	●	—	—	—
	二噁英	●	●	—	—	—
声环境		—	—	—	●	—
固体废物	飞灰	●	●	—	—	●
	炉渣	●	●	—	—	—
	弃料	●	●	—	—	—
土壤环境		●	●	●	●	●
生态环境		●	●	●	●	●

注：●表示长期不利影响；—表示基本无影响。

在现有技术条件下，环境园内各功能设施产生的废水均可通过污水处理厂得到妥善处理，不会对周边环境产生明显不利影响。环境园水环境影响未受公众重点关注，公众关注的焦点主要是感观感受——恶臭，以及焚烧产物——焚烧烟气，特别是二噁英。因此，在各环境设施布局规划中，应充分考虑以上因素，尽量将此类环境设施布局在环境园的中部区域，或其他尽量远离环境敏感目标的区域，将产生污染物种类类似的环境设施尽量布置在一起，变分散点源污染为集中可控点源，将污染源集中，有助于污染集中控制，取得最佳社会环境效益。

（2）环境安全问题辨识

环境园常见的环境安全问题主要包含水环境、大气环境、声环境、固体废物、土壤环境和生态环境六方面。环境园中设施较为集中，多类设施均可在一定程度上产生这六方面的环境影响，带来环境安全问题。

1）水环境的影响问题辨识

环境园产生的污水主要来源包含垃圾渗滤液、生产过程中产生的废水和工作人员生活废水等。一般情况下，生活废水和生产产生的废水如锅炉排水和冷却塔排水能通过一定处理工艺实现回收利用或者直接排放。而垃圾渗滤液组织复杂，常含有高浓度难降解的有机物和重金属等各类污染物，较难处理。同时由于其在垃圾收集和运输过程中容易滴漏，影响范围较大。未经处理的渗滤液一旦进入地表水或地下水系，将造成严重的不可逆污染。

另外，环境园中如存在污染产业和危险废物等集中处理设施建设等，将存在可能污染地下水的重金属和有毒有害物质等污染物。

2）大气环境的影响问题辨识

环境园中多种常见设施涉及大气污染物排放，如污泥处理厂、焚烧厂、垃圾填埋场、建筑垃圾处理厂、餐厨垃圾处理厂、粪渣处理厂等。这类设施在生产运行过程中排放的大气污染物包含烟尘、恶臭气体、NO_2、SO_2、HCl 和二噁英等。其中二噁英类是毒性很强的一类三环芳香族有机化合物，若未严格按照国家标准限制焚烧烟气排放，将可能污染片区空气质量，危害周边居民身体健康。

当前环境园内处置恶臭气体一般都采用封闭式负压收集系统，将其引入焚烧炉中进行焚烧处置，在正常情况下不存在恶臭污染问题，但若此套引风系统发生故障，将造成大气环境污染。同理，烟气处理系统一旦发生故障，废气排放也将容易导致周围大气环境污染问题。

3）声环境的影响问题辨识

环境园内包含多种大型设施设备，其运行过程中存在程度不一的噪声污染。同时，环境园常有大型环卫和运输车辆进出，交通物流也可能在一定程度上产生噪声污染。噪声问题如果防范处置不善，可能影响周边市民的生活质量，引发群众不满情绪，影响民政关系和谐。

4）固体废物的影响问题辨识

环境园中设施设备产生的固体废物主要为飞灰、炉渣和弃料，其中部分固体废物属于危险废物，如垃圾焚烧后产生的飞灰。处置固体废物时应按《危险废物鉴别标准　浸出毒性鉴别》GB 5085.3—2007，判断是否属于危险废物，如属于危险废物，则按危险废物处理，否则按一般固体废物处理。

如果处置不善，固体废物中的细微颗粒可能随风扩散，造成大气污染；在周围有水体的环境中，可能直接使水质受到污染，严重影响生态环境。固体废物及其渗滤液中所含的有害物质接触土壤后，可能破坏土壤性质和结构，间接影响生态环境。

5）土壤环境的影响问题辨识

垃圾在经过焚烧和填埋等处理工序时，会产生飞灰、炉渣、弃料等固体废物和渗滤液等液体污染物，部分环境园还涉及重金属及有毒有害物质的处置。这些污染物质如未经处置排放至土壤中，经过输移、转化过程，可能影响土质，进而限制该区域未来的其他建设用途。

6）生态环境的影响问题辨识

环境园如果邻近重点生态功能区和环境敏感区等区域，其运营过程中产生的各类污染物可能影响生态系统功能及重要物种栖息地的质量。

2. 环境影响评价

（1）水环境影响评价

环境园内水污染物主要来源于两个方面：一是环境园内各环境设施产生的生产废水；二是环境园内工作人员产生的生活污水。各环境设施产生的生产废水包括渗滤液等，均由专门设施预处理后，与生活污水一并进入环境园内的污水处理厂进行深度处理，达标排放，基本不会对外环境产生不良影响。但由于渗滤液成分复杂，处理较难，且一旦处置系统出现问题，可能发生水污染物的无序排放现象，造成环境污染。另外，环境园中产生的烟尘等其他污染物质也可能对周边水体产生一定负面影响，需要定期监测水体情况。因此，将环境园内的水环境影响分为环境园内部的污水处置和环境园周边的水体影响两部分。

1）环境园内部污水处置

环境园中各类设施产生的废水和工作人员生活产生的污水需按照有关标准，经过监测达标后才能进行排放。水污染物基准排水量排放浓度的计算方法可参照《国家水污染物排放标准制订技术导则》HJ 945.2—2018。具体方法如下：

水污染物排放浓度限值适用于实际排水量不高于基准排水量的情况。若实际排水量超过基准排水量，须按以下公式将实测水污染物排放浓度换算为水污染物基准排水量排放浓度，并以水污染物基准排水量排放浓度作为判定排放是否达标的依据。

$$C_{基} = \frac{Q_{总}}{\sum Y_i Q_{i基}} \times C_{实}$$

式中：$C_{基}$——水污染物基准排水量排放浓度（mg/m³）；

$Q_{总}$——实测排水总量（m³）；

Y_i——某种产品产量（t）；

$Q_{i基}$——某种产品的单位产品基准排水量（m³/t）；

$C_{实}$——实测水污染物排放浓度（mg/m³）。

依据标准，若$Q_{总}$与$\sum Y_i Q_{i基}$的比值小于1，则以水污染物实测浓度作为判定排放是否达标的依据。排放源的生产设施可适用不同排放控制要求或不同行业国家水污染物排放标准，且生产设施产生的污水混合处理排放情况下，应按以上公式换算水污染物基准排水量排放浓度，并执行排放标准中规定的最严格的浓度限值。

2）环境园对周边水体的影响

环境园内污染物质较多，可能对周边水体产生较大的、不可逆的负面影响。因此，应在项目建设阶段、运营阶段和服务期满后共三个阶段定期监测周边水体情况。监测时可选用《环境影响评价技术导则 地表水环境》HJ 2.3—2018中介绍的底泥污染指数。

$$P_{i,j} = C_{i,j}/C_{si}$$

式中：$P_{i,j}$——底泥污染因子i的单项污染指数，大于1表明该污染因子超标；

$C_{i,j}$——调查点位污染因子i的实测值（mg/L）；

C_{si}——污染因子i的评价标准值或参考值（mg/L）。

底泥污染评价标准值或参考值可以根据土壤环境质量标准或所在水域底泥的背景值确定。

（2）大气环境影响评价

垃圾常见的处置方式之一为焚烧，而焚烧所带来的最大环境影响为大气污染问题。因此，在环境园建设中应针对规划焚烧规模，对其从环境保护角度进行论证，并评价设施建设实施后对其所在区域大气环境产生的影响，论证生活垃圾及污泥焚烧设施对周边敏感点可能产生的影响。

1）区域大气环境承载力分析

大气环境承载力是指在一定时期、一定状态或条件下，大气环境系统所能承受的生物和人文系统正常运行的能力，即最大支持阈值。大气承载力指标包括：大气循环条件决定的一定空气质量要求下可容纳的污染物排放总量、大气质量状况等。

一旦污染物浓度超过了大气承载能力范围，将对大气环境产生较大的负面影响。因此，在规划建设环境园时，应依据《生活垃圾焚烧污染控制标准》GB 18485—2014，同时对标所在城市有关控制标准和规划，确定环境园区域的最大可支持焚烧规模，论证近期和远期规划建设规模是否满足区域大气环境承载力的要求。

2）焚烧烟气对大气环境影响预测分析

① 评价因子

垃圾焚烧发电厂产生的大气污染物主要为烟尘、NO_2、SO_2、HCl、CO 和 HF 等，以及毒性较大的二噁英、Cd、Hg、Pb 等物质。一般而言，经过严格的烟气净化措施后，其主要排放污染物为烟尘、NO_2、SO_2 以及 HCl 等。选取大气环境影响评价因子时，宜参考《建设项目环境影响评价技术导则　总纲》HJ 2.1—2016 或《规划环境影响评价技术导则　总纲》HJ 130—2019 的要求，根据项目排放的基本污染物及其他污染物进行筛选。当项目排放的污染物达到表 5-30 中给出的限值时，应相应增加二次污染物评价因子。

各污染物排放限值[①]　　　　　　　　　　　　　　　　　　　　　表 5-30

类别	污染物排放量（t/a）	二次污染物评价因子
建设项目	$SO_2+NO_x \geqslant 500$	PM2.5
规划项目	$SO_2+NO_x \geqslant 500$	PM2.5
	$NO_x+VOC_s \geqslant 2000$	O_3

② 评价工作程序

按照《环境影响评价技术导则　大气环境》HJ 2.2—2018，宜采用图 5-34 所示工作程序开展大气环境影响评价工作。

③ 评价标准

依据《环境影响评价技术导则　大气环境》HJ 2.2—2018，如有地方环境质量标准，应选用地方标准中的浓度限值。若无地方标准，应选用《环境空气质量标准》GB 3095—2012 中的环境空气质量浓度限值作为各评价因子所适用的环境质量标准及相应的污染物排放标准。

④ 评价等级判定

《环境影响评价技术导则　大气环境》HJ 2.2—2018 中指出了评价等级判定方法如下：

应根据项目污染源初步调查结果，分别计算项目排放主要污染物的最大地面空气质量浓度占标率 P_i（第 i 个污染物，简称"最大浓度占标率"），及第 i 个污染物的地面空气质

---

① 本表摘自《环境影响评价技术导则—大气环境》HJ 2.2—2018。

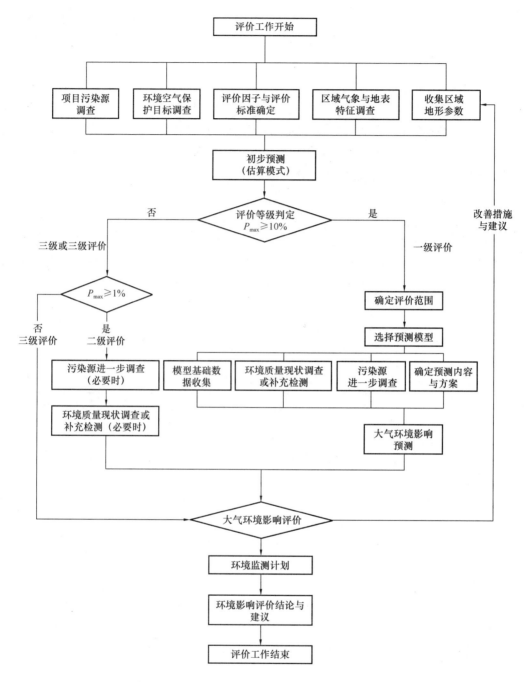

图 5-34 大气环境影响评价工作程序图①

量浓度达到标准值的 10% 时所对应的最远距离 $D_{10\%}$。其中 P_i 定义如下：

$$P_i = \frac{C_i}{C_{0i}} \times 100\%$$

---

① 本图摘自《环境影响评价技术导则—大气环境》HJ 2.2—2018。

式中：P_i 为第 i 个污染物的最大地面空气质量浓度占标率（%）；C_i 为采用估算模型计算出的第 i 个污染物的最大 1h 地面空气质量浓度（$\mu g/m^3$）；C_{0i} 为第 i 个污染物的环境空气质量浓度标准（$\mu g/m^3$）。

一般选用《环境空气质量标准》GB 3095—2012 中 1h 平均质量浓度的二级浓度限值，如项目位于一类环境空气功能区，应选择相应的一级浓度限值；对该标准中未包含的污染物，使用各评价因子 1h 平均质量浓度限值。对仅有 8h 平均质量浓度限值、日平均质量浓度限值或年平均质量浓度限值的，可分别按 2 倍、3 倍、6 倍折算为 1h 平均质量浓度限值。

评价等级应按照表 5-31 进行划分，最大地面空气质量浓度占标率 P_i 按公式计算，如污染物数 i 大于 1，取 P 值中最大者 P_{max}。同时依据《环境影响评价技术导则　大气环境》HJ 2.2—2018 中对不同等级评价的划定，确定对应的评价范围。一级评价项目应采用进一步预测模型开展大气环境影响预测与评价，二、三级项目不必进行进一步预测与评价。

评价等级判别表[①]

表 5-31

评价工作等级	评价工作分级判据
一级评价	$P_{max} \geqslant 10\%$
二级评价	$1\% \leqslant P_{max} < 10\%$
三级评价	$P_{max} < 1\%$

⑤ 预测内容

根据《环境影响评价技术导则　大气环境》HJ 2.2—2018 的要求，主要预测内容应包含以下几点：

a. 预测典型小时气象条件下，规划实施焚烧烟气对周边环境的最大影响，分析是否超标、超标程度、超标位置，分析小时浓度超标概率和最大持续发生时间，并绘制评价范围内出现区域小时平均浓度最大值时所对应的浓度分布图。

b. 预测典型日气象条件下，规划实施焚烧烟气对周边环境的最大影响，分析是否超标、超标程度、超标位置，分析日均浓度超标概率和最大持续发生时间，并绘制评价范围内出现区域日平均浓度最大值时所对应的浓度分布图。

c. 预测长期气象条件下，规划实施焚烧烟气对周边环境的影响，分析是否超标、超标程度、超标位置，并绘制预测范围内的浓度分布图。

⑥ 预测模型与说明

《环境影响评价技术导则　大气环境》HJ 2.2—2018 中推荐了大气环境影响预测模型并明确了其对应的适用范围，具体参照表 5-32。

---

① 本表摘自《环境影响评价技术导则　大气环境》HJ 2.2—2018。

评价等级判别表^①

表 5-32

模型名称	适用污染源	适用排放形式	推荐预测范围	模拟污染物			其他特性
				一次污染物	二次 PM2.5	O₃	
AERMOD	点源、面源、线源、体源	连续源、间断源	局地尺度（≤50km）	模型模拟法	系数法	不支持	—
ADMS							
AUSTAL2000	烟塔合一源						
EDMS/AEDT	机场源						
CALPUFF	点源、面源、线源、体源		城市尺度（50km 到几百千米）		模型模拟法		局地尺度特殊风场，包括长期静、小风和岸边熏烟
区域光化学网格模型	网格源		区域尺度（几百千米）			模型模拟法	模拟复杂化学反应

⑦ 预测参数选取

预测模型可依据《环境影响评价技术导则　大气环境》HJ 2.2—2018 中推荐的模型进行选定。模型中涉及的常用参数选取规则如下：

a. 气象参数：地面气象参数可以采用当地气象站全年逐日逐时气象条件，即全年每天 24h 的风向、风速、气压、气温、云量、湿度参数。如当地气象站无高空气象数据，则可以采用临近气象站数据。

b. 预测工况：进行评价时需明确环评运行工况是否为正常工况，即是否考虑事故排放。

c. 预测点：建议选择环境园周边的主要人员聚集点等敏感点位。

d. 条件假设：当环境园各设施规划布局方案未正式确定时，可作以下条件假设辅助评价。

由于各焚烧厂的具体布局、烟囱的具体位置、具体参数等均还未确定，因此，对规划方案中的环境园焚烧烟气预测可做以下假设：

a. 假设各个焚烧厂的烟囱等效为一根，而且烟囱位于焚烧厂中心。

b. NO_x 全部转化为 NO_2。

c. 按照《生活垃圾焚烧污染控制标准》GB 18485—2014 中有关烟囱高度的规定，环境园内的生活垃圾焚烧厂烟囱高度均不能低于 60m，各焚烧厂均设置余热回收系统，烟气排放温度一般不超过 50℃。设置烟囱高度和烟气排放温度的假设条件时可作参考。

⑧ 污染物源强

按照规划建设的生活垃圾和污泥焚烧规模，确定规划实施后，按照《生活垃圾焚烧污染控制标准》GB 18485 中规定的各污染物排放限值及污染物浓度测定方法确定各类污染物浓度，按照《污染源源强核算技术指南　准则》HJ 884—2018 进行污染源源强测算。

---

① 本表摘自《环境影响评价技术导则　大气环境》HJ 2.2—2018。

（3）恶臭环境影响评价

环境园内产生恶臭的处理系统，主要发生在餐厨垃圾处理厂、粪渣处理厂、生活垃圾焚烧厂、污泥处理厂以及污水处理厂等。

1）正常情况下恶臭环境影响

在正常情况下，环境园内产生的恶臭气体将被引入焚烧系统进行焚烧，可以彻底消除恶臭的环境影响。实践表明，经过上述措施后，在严格管理的前提下，环境园内各系统产生的恶臭对周边环境影响甚微。

2）非正常情况下恶臭环境影响

当环境园内的焚烧系统停产检修时，环境园内的恶臭气体将不能被焚烧处置，此时，一般由备用的活性炭除臭设施进行处置。由于环境园内采用高标准建设，所有恶臭产生环节均设置负压吸收装置，恶臭均将被集中至活性炭除臭装置中。实践表明，在现有技术条件下，活性炭除臭系统可以满足环境园内的恶臭去除要求，使得环境园内设施恶臭排放满足《恶臭污染物排放标准》GB 14554—1993 中的污染物排放控制要求。

当负压吸收装置运行不稳定时，环境园内各设施恶臭呈无组织排放，当无组织排放源排放的有害气体进入呼吸带大气层时，其浓度如超过《环境空气质量标准》GB 3095—2012 中规定的环境空气污染物浓度限值，则无组织排放源所在生产单元与居住区之间应设防护距离。

3）恶臭环境影响预测分析

恶臭的等级评定通常采用仪器测定法和感官测定法。由于恶臭物质的复杂性，检测需借助科学仪器，但由于检测分析费用高、周期长，目前应用较少。各类恶臭物质的基本共性是具有气味，因此感官检测工作可以由受过嗅觉测试训练的专业人员开展，虽具有一定的主观性，但相较于仪器测定法更灵活、直观、经济，长期以来在国际范围内成为监测恶臭物质的主流方法。

恶臭气味强度等级划分可采用天津市环境监测中心编写的《恶臭监测技术》[1]中提及的我国 6 级恶臭强度分类法，具体见表 5-33。

评价等级判别表[1]　　　　　　　　　　表 5-33

级别	感受状态
0	无味
1	勉强闻到有气味，不能辨别臭气种类（感觉阈值）
2	能闻到较弱气味，可辨认气味性质（识别阈值）
3	很容易闻到气味，有所不快，但不反感
4	有较强气味，很反感，想离开
5	有强烈的气味，无法忍受，立即离开

[1]　天津市环境监测中心．恶臭监测技术［M］．北京：中国环境出版社，2013．

（4）环境卫生防护距离确定

环境园防护距离的设置主要根据我国现有环境、卫生保护法规的规定，需分别计算环境园内各设施排放源的卫生防护距离、大气环境防护距离，并与行业标准中的有关防护距离对比，明确环境园防护距离的设置。

1）无组织排放卫生防护距离

对于无组织排放，特别是有害物质的无组织排放，应采取合理的生产工艺流程，加强生产管理与设备维护，最大限度地减少无组织排放。为了保护大气环境和人群健康，应当设置卫生防护距离。卫生防护距离是指正常运行情况下，无组织排放源所在单元与居住区之间应设的防护距离。正常运行情况下，当无组织排放源排放的有害气体进入呼吸带大气层时，其浓度如超过《环境空气质量标准》GB 3095—2012 中规定的环境空气污染物浓度限值，则无组织排放源所在生产单元与居住区之间应设防护距离。

根据《环境影响评价技术导则 大气环境》HJ 2.2—2018，对于环境园内大气污染物浓度满足大气污染物厂界浓度限值，但厂界外大气污染物短期贡献浓度超过环境质量浓度限值的，可以自厂界向外设置一定范围的大气环境防护区域，以确保大气环境防护区域外的污染物贡献浓度满足环境质量标准。

2）大气环境防护距离

按照《环境影响评价技术导则 大气环境》HJ 2.2—2018，确定大气环境防护距离时，应采用预测模型模拟评价基准年内，环境园的所有污染源（改建、扩建类型的环境园应包括园内现有污染源）对厂界外主要污染物的短期贡献浓度分布，在底图上标注从厂界起所有超过环境质量短期浓度标准值的网格区域（厂界外预测网格分辨率不应超过 50m），以自厂界起至超标区域的最远垂直距离作为大气环境防护距离。

3）垃圾焚烧厂防护距离

根据《生活垃圾焚烧污染控制标准》GB 18485—2014，应依据环境影响评价结论确定生活垃圾焚烧厂厂址的位置与周围人群的防护距离。在对生活垃圾焚烧厂厂址进行环境影响评价时，应重点考虑生活垃圾焚烧厂内各设施可能产生的有害物质泄露、大气污染物质（含恶臭物质）的产生与扩散以及可能的事故风险等因素，根据其所在地区的环境功能区类别，综合评价其对周围环境、居住人群的身体健康、日常生活和生产活动的影响，确定防护距离。

4）炉渣填埋场和危险废物填埋场卫生防护距离

我国在《生活垃圾填埋场污染控制标准》GB 16889—2008 和《危险废物填埋污染控制标准》GB 18598—2019 中，均指出场址位置与防护距离应依据环境影响评价结论确定。在进行环境影响评价时，应按照标准，考虑渗滤液、大气污染物、滋养动物等因素。

5）其他设施卫生防护距离

我国环境园内垃圾渗滤液处理厂、餐厨垃圾处理厂和粪渣处理厂等其他设施的防护距离可以环境影响评价为基础，通过具体环境影响研究，类比同规模项目分析确定。

5.7.2　风险评估

由于环境园内设施多样性、复杂性较强，不可避免地会对周围生态和社会环境带来负面影响，存在一定的风险隐患。因此，需针对园内各设施进行风险评估。通过对环境园不实施和实施所带来的主要社会、环境影响和风险作出评价，选取影响面大并容易导致较大矛盾的风险进行预测，分析此类风险产生的条件，从而提出风险防范措施。

1. 风险的概念

（1）风险的定义

风险是一外来语，其起源于法文 Rispue，在 17 世纪中叶被引入到英文，拼写成 Risk。其最早出现在保险交易中。

迄今为止，对风险进行完全统一的界定几乎是一件不可能的事，但任何一个关于风险较为完整的定义都应该是以下三个方面描述的集合体：

1）在整个项目运作过程中将可能发生哪些风险事件（损失类型）。

2）每一风险事件发生的可能性有多大（概率等）。

3）该类风险事件发生后导致的后果如何（经济损失、社会影响、声誉损失及生态环境影响等）。

在针对环境园进行规划实施风险评估时，应基于上述三点开展研究工作，对环境园规划实施可能发生的风险及其可能导致的后果进行系统梳理，并在此基础上提出风险控制措施。

（2）风险的构成要素

风险是由风险因素、风险事故和损失三者构成的统一体。风险因素是指引起或增加风险事故发生的机会或扩大损失幅度的条件，是风险事故发生的潜在原因；风险事故是造成生命财产损失的偶发事件，是造成损失的直接或外在原因，是损失的媒介；损失是指由风险因素或风险事故间接或直接导致的对安全、健康、财产及环境的危害或破坏。

它们三者间的关系为：风险是由风险因素、风险事故和损失三者构成的统一体，风险因素引起或增加风险事故；风险事故发生可能造成损失。如图 5-35 所示，风险因素火苗可能导致一场火灾事故，并由此可能造成巨大的经济、环境、人身安全等方面的损失。

风险因素　　　　　　风险事故　　　　　　风险事故发生造成的损失

图 5-35　风险构成要素之间的关系

（3）环境园特性与风险的关系

1）环境园特性

环境园作为城市环境卫生公共设施项目之一，可形象比喻成"城市公厕"。因而，它具有如下一些特性：

① 基础性、公益性与社会性

环境园是为了满足市域或局部区域的发展需要，履行城市垃圾处理的公共服务，以创造社会效益和环境效益为主的非生产性、公益性环卫项目，是城市基础设施项目的重要组成部分。

② 集群性与个体特殊性

环境园是一个典型的集群项目，包含了数量多、分布广泛的众多单个设施，如焚烧发电厂、填埋场、污水处理厂、分选中心等，故环境园既有整体的共性，又有个体的特殊性。对于整体而言，环境园建设具有明显的宏观社会效益。对于整体中的单个设施而言，由于所处位置、服务对象、功能设计的不同，各自发挥的社会效益也必将参差不齐，有的社会效益明显，有的可能社会效益欠佳。

③ 协调性与依赖性

环境园是城市大系统的一个独立子系统，这就要求系统内部因素以及系统同外部之间必须协调一致，必须在物流和能源流畅通的情况下，才能保持园内环卫设施良好的运行。具体表现为：园内环卫公共设施项目在质和量、空间和时间上，必须与城市发展保持一致，它们是相互依存、相互影响的。

④ 需求性与排斥性

城市发展的需要和环境质量改善的需求催生了环境园的建设。但环境园一旦建成，或多或少会对周围的环境产生一定影响（尽管这种影响已经降到尽可能低的程度），难以避免使周围的居民感到不快。因而存在一种需求与排斥对立矛盾的现象：所有人都希望建成城市垃圾处理设施，但同时都不希望这些公共设施建在自己附近。这种需求性与排斥性也正是环境园项目在规划、实施、建设与管理中容易引发社会矛盾的体现。

2）环境园与风险的关系

通过环境园的特性分析发现，这些特性与其规划实施过程中可能发生的风险之间有着紧密的关联。因此，笔者基于这些特性绘制了因环境园特性而分类的风险分析关联图，如图5-36所示。

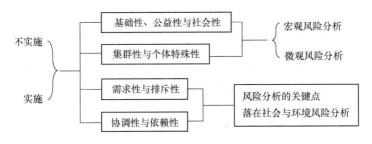

图 5-36　环境园特性与风险分析关联图

基于环境园总的特性，规划风险评估从宏观层面进行不实施风险分析，以及从宏观结合微观层面实施风险分析，并在综合风险分析的基础上，重点分析规划实施的社会与环境风险。

2. 风险评估

（1）风险辨识

风险辨识包括确定风险的来源、风险产生的条件、风险特征及哪些风险会对环境园规划实施产生影响，对风险评估和风险管理具有重要意义。风险的辨识需在分析环境园选址条件的基础上，结合环境园特性及环境园风险特征，列出初步风险清单并对其进行环境园规划实施风险分类。

（2）风险研究

环境园的规划实施建设所涉及的风险主要分为园内各类设施自身的风险，以及环境园对周围区域所带来的风险，这两大类风险又能进一步细分为生态环境安全风险、环境健康风险和社会风险。本小节将总结分析部分常见的风险，但由于每个项目存在差异性，应依据各环境园的处理规模、设施布局和周边环境开展更为具体、更有针对性的风险分析。

1）生态环境安全风险研究

① 系统可靠性与生态安全

可靠性工程是系统工程的重要分支，其任务是研究系统或设备在设计、生产和使用的各个阶段，定性与定量地分析、控制、评估和改善系统或设备的可靠性，并在设计中达到可靠性与经济性的综合平衡。可靠性的定义是：系统或设备在规定的条件下，在规定的时间内，完成规定功能的能力。规定条件下包括使用条件、维护条件、环境条件等。

评价一个系统的可靠性通常用系统的失效来表示。失效的准则通常有两类：一类是瞬时性失效，是指系统在工作过程中随机地在某时刻突然地失去功能；另一种失效准则是非突发性的，它伴随着性能衰退、老化和磨损过程，很难明确指出它的确定寿命，这种失效也是耗损失效或者漂移失效。

安全性不同于可靠性，其定义是：建立一种环境，使人们在这种环境下生活与工作感受到的危害或危险是已知的、清楚的，并且可控制在可接受水平上。安全性以风险值（风险水平）或接受的危险概率来定量描述安全性程度。

环境园的生态环境安全风险主要体现在两个方面：一种是因系统设计、设备性能、运营管理等多种因素导致的系统可靠性的失效情况；另一种是因系统可靠性失效而引发的风险水平或产生风险的概率。如各类废物填埋场，在设计和设备购买中，因种种不可靠因素导致了防渗工程的失效，则将直接导致其地下水污染风险；污水处理厂在系统和设备运行中失效时，将直接导致出水的恶化，造成对地表水污染的风险。

② 填埋场防渗工程事故风险

填埋场包括简易填埋、卫生填埋和安全填埋。一般生活垃圾采取的是卫生填埋的方式，危险废物采取的是安全填埋的方式，而在一些欠发达的地方，还存在一些简易填埋方式。

炉渣填埋场和危险废物填埋场在运营过程中，均存在防渗工程事故风险。由于填埋场是露天的，在下雨的时候，由于地表径流的淋溶作用会产生一定的渗滤液，若防渗工程发生事故，将会产生以下污染风险：

a. 对地下水的事故污染风险。填埋中因为废物本身以及雨水的淋溶，其产生的渗滤液污染物浓度高，毒性大，如果地面防渗做得不够或出现事故，将对地下水系统产生严重影响。

b. 对土壤的污染风险。废物填埋场不但占用土地，改变土地的使用功能，而且一旦防渗系统出现问题，将直接污染土壤环境。由于危险废物的衰减周期长，累积影响大，其对土壤的影响将是长期的、不可逆的影响。

填埋时产生的浸出液可能存在重金属浓度超标的问题，需对照《危险废物鉴别标准　浸出毒性鉴别》GB 5085.3—2007，保障浸出液不超过国家标准中规定的最高允许浓度。一般来说，炉渣填埋场产生的环境表现较为温和，产生的渗滤液相比常规生活垃圾填埋场产生的渗滤液要小得多，有机物浓度要低得多，相对环境风险较低。

由于飞灰的浸出液有害物多、浓度高、影响大，因此在国外，垃圾焚烧厂所产生的飞灰一般都被视为有害固体废物，我国也把垃圾焚烧产生的飞灰作为危险废物处理。为降低飞灰填埋的危险性，可对垃圾焚烧和污泥干化中产生的飞灰进行收集并经过固化处理，然后再进入危险废物填埋场进行填埋。但需注意的是，依据飞灰固化块的浸出试验，飞灰固化后浸出毒性仍比炉渣的浸出毒性高。因此，针对炉渣填埋场和危险废物填埋场来说，还需要注意以下问题：

a. 进场废物的检验问题：基于填埋场的影响以及分类的要求，应对填埋场的进场废物进行严格的检验和转接，如对进入炉渣填埋场的炉渣，应进行严格的检验，确保进场的炉渣为非危险废物；对进入危险废物填埋场的废物，确保只有来自飞灰处理厂的经过处理的固化物，而没有其他来源的危险废物。此外，还应对飞灰的处理进行固化试验，确定合理的投料比，同时进行固化物的毒性浸出实验，确保飞灰处理厂处理后的固化物的浸出毒性在较低的范围内，减轻后续渗滤液的处理难度，降低渗漏带来的影响。

b. 防渗问题：对于炉渣填埋场和危险废物填埋场，其渗滤液仍然有一定的影响，而且固化体存在一定的风险。因此，对于填埋场的建设而言，其防渗工程仍应谨慎进行，设计和建设过程均应严格按照有关规范的防渗要求进行，避免对地面水和地下水造成严重的影响。

③ 废物运输事故风险

环境园接纳的废物种类较多，一般包括生活垃圾、餐厨垃圾、粪渣、建筑垃圾等。园内同时也会产生危险废物和一般废物，并进行危险废物和一般废物的处理和处置。进入环境园的各类垃圾在运输中，以及园内垃圾在互相转移过程中，将产生事故风险。废物在运输中，如发生事故，将在局部区域产生严重影响，包括恶臭、扬尘、渗滤液等，严重影响局部地区的大气环境、水环境和土壤环境，同时也会对发生事故地区的生态环境和人居环境产生影响。

为了避免和降低废物运输中的风险，需要做好以下工作：

a. 运输路线的选择：运输路线的选择决定了发生事故的范围，选择合理的运输路线相当重要。在路径选择时，应依据既有规划，引入垃圾运输专用通道，使垃圾车辆尽可能不穿越居民区等人流密集区域和水源保护区等生态敏感区域。因此，应针对每个项目所接纳的垃圾等废物来源情况，开展全面的运输路线研究，确定合理的运输路线，并充分考虑运输风险对沿线的潜在环境影响。

b. 运输车辆的选择和密封措施：运输风险中，有一部分是由于车辆本身和密封措施引起的。因此，运输车辆的选择和良好的密封措施对于减轻运输引起的影响具有重要作用。

c. 运输管理措施：在垃圾运输中，良好的车辆调度和管理措施对于减少运输过程中的事故相当重要。整个环境园的垃圾进出量相当大，各种垃圾来自各个不同的片区，如生活垃圾主要来自垃圾转运站，其路线具有一定的可确定性，在运输路线确定的情况下，对生活垃圾运输车辆进行良好的调度，将在一定程度上对运输路线的秩序起到制约作用，同时也减少了车辆同时发生事故的概率；建筑垃圾则主要来自各个建设工地，其路线具有一定的不确定性，但是在确定了来源后，仍然可以确定运输路线，并制定调度方式。

d. 加强运输司机的技术、职业责任训练。

④ 污水（渗滤液）处理运行失效事故风险

垃圾渗滤液是液体在垃圾填埋场（垃圾储存池）重力流动的产物，主要来源于降水和垃圾本身的内含水。由于液体在流动过程中有许多因素可能影响到渗滤液的性质，包括物理因素、化学因素以及生物因素等，所以渗滤液的性质在一个相当大的范围内变动。一般来说，其 pH 值为 4～9，COD 为 2000～62000mg/L，BOD_5 为 60～45000mg/L，重金属浓度和市政污水中重金属的浓度基本一致。城市垃圾填埋场渗滤液是一种成分复杂的高浓度有机废水，并且可能含有一定量毒性较大的重金属。当渗滤液处理系统出现问题、不加处理的渗滤液直接排入环境时，会造成严重的环境污染。以保护环境为目的，对渗滤液进行处理是必不可少的。因此，在环境园总体规划、建设和运营管理中，应从整体上考虑垃圾渗滤液的来源，从源头上减少垃圾渗滤液的产生量，同时在垃圾渗滤液处理系统的设计和建设中，注意避免事故的发生。

a. 协调好各个部门，源头上减少渗滤液污染物的产生量：环境园产生的渗滤液来自几个不同的处理处置单元，其渗滤液的产生存在一定的不确定性，其产生情况与各个处理、处置单元的管理等存在密切的关系。环境园综合管理部门应协调好各个不同处理、处置部门之间的关系，从产生渗滤液的各个源头进行控制，减少渗滤液的产生量和产生浓度。比如要求炉渣填埋场和危险废物填埋场在填埋作业中，不得混进生活垃圾和普通的危险废物，并在填埋区实施的斜面作业中，应在尽量缩小的区域内快速地进行平铺、压实和覆土操作，减小垃圾的暴露面积，减少渗滤液的产生量；要求各个垃圾收集站对生活垃圾进行分类收集，将厨余垃圾和一些比较容易发酵腐烂的有机物尽可能地分开，与餐厨垃圾一起处理，减少垃圾中的渗出液量；要求垃圾焚烧厂尽可能地不囤积垃圾，来多少就烧多少，并对垃圾储存池底部定期进行清理，减少垃圾储存池底部发酵和恶臭的累积等。

b. 合理选择渗滤液处理工艺：由于环境园垃圾渗滤液的产生量和浓度存在一定的不确定性，其水质变动范围较大。因此，应合理选择垃圾渗滤液处理厂的处理工艺，使得日后可以稳定持续地运行。这方面应通过专业的设计公司去设计和比选，采取适合于各环境园的渗滤液处理工艺。

c. 污水接入管道和防渗系统的设计和建设：由于部分垃圾渗滤液处理厂处理的废水污染物浓度高、毒性大，其事故风险很大。因此，对于污水处理厂处理系统应进行较好的防渗，尤其是前端的污水接入管道和调节池等系统。当环境园污水处理厂处理的渗滤液来自各个不同的处理单元时，包括几个不同的垃圾焚烧厂、餐厨垃圾处理厂、粪渣处理厂、炉渣填埋场、危险废物（飞灰固化快）填埋场等，其接入管道可能较多，来自各个不同的方位，有的可能距离较远，管道系统出现事故的可能性随之增大。因此，污水处理厂接入管道系统的设计也是相当重要的，包括管道系统结构形式、材料、水力参数、检修部位等，均应予以重视。

d. 运行管理：除了设计和建设之外，污水厂的运营管理是关乎处理能否稳定进行和达标排放的关键。良好的处理工艺和系统设计，需要在可以正常工作的前提下，通过良好的管理，保证其持续稳定的运行。包括制定规章制度和操作规程，明确监测要求，做好有关记录，对相关人员进行培训，进行事故预防和应急演练等。

⑤ 焚烧烟气事故排放及启停炉直排污染风险

根据焚烧厂的处理工艺可知，焚烧厂烟气处理系统失效的风险包括烟气净化系统失效引起的烟气污染风险和引风系统失效引起的恶臭污染风险。

根据分析可知，垃圾焚烧厂产生的烟气中的污染物包括烟尘、SO_2、NO_2、HCl 等酸性气体，Hg、Cd、Pb 等重金属以及微量的有机化合物，二噁英等高毒致癌物。焚烧厂烟气净化系统一旦出现问题，使得烟气直接高空排放，其影响范围和影响程度都是非常大的，可能使得周边的大气环境质量急剧下降，并给周围人群健康带来生命威胁。

一般情况下，焚烧炉存在以下几种直排风险：

a. 焚烧炉启动（升温）过程：从冷状态到正常运行的升温过程耗时约 2～3h，喷雾干燥吸收塔实际上开始工作的时间为吸收塔入口烟气温度上升至 160℃时，这时吸收塔内的喷嘴由空转状态进入工作状态，开始喷水、喷石灰雾和活性炭。

b. 焚烧炉并闭（熄火）过程：该过程中烟气流量过低，当烟流量低于设定值的 30% 以下，或吸收塔入口烟温低于约 160℃时，喷雾干燥吸收塔内的喷嘴则不会进入工作状态。根据焚烧厂运行的经验，一般一台炉一年中有 8d 左右的时间需要进行启停炉，这就意味着每年有一段时间是需要进行直排的。如果在同一个时间段内几台炉同时启停炉检查，则直排的影响程度将加倍。就目前的处理技术来说，对于焚烧炉启停炉时产生的这种直排现象尚没有很好的处理方式。虽然有要求在启停炉时采取一定的减缓措施，但是这些减缓措施，往往难以使烟气可以达标排放，因此其大气污染风险较大。

c. 烟气温度过高：除尘器入口的控制温度为 260℃。如果除尘器入口烟温超过 260℃，除尘器将转换到旁路通道，烟气不经滤袋除尘排炭。

d. 烟气管道堵塞或破裂：焚烧烟气腐蚀性极大，当运作一段时间以后，如正常使用的烟气管道因腐蚀、破裂、堵塞等原因发生故障时，烟气将可能直接由破裂口扩散出去，或者通过旁路系统直排。

e. 垃圾储存池引风系统发生故障：焚烧厂的恶臭气体主要来自垃圾临时储存池。一般情况下，采用封闭式负压收集系统，引入焚烧炉中进行焚烧处置。在正常情况下，不存在恶臭污染问题。但是当引风系统发生故障时，将使得垃圾堆体产生的恶臭散发溢出到大气中，形成无组织排放，造成周边环境大气感观和质量急剧下降，影响群众的正常生活。

一般来说，恶臭气体中含有氨气、硫化氢、甲硫醇等，这些气体不但有不同程度的刺激性，造成人感官上的极度不舒服，而且达到一定浓度的时候，将对人体造成极大的危害。

基于以上情况，环境园内的焚烧厂在设计、建设和管理中，均应充分考虑焚烧烟气和恶臭的大气环境污染问题。在设计中，采用比较先进的设备技术，选用产生污染物较少的焚烧系统，对烟气治理系统进行严密的论证，采用国际先进的烟气治理工艺系统；在管理中，做好进料、温度、停留时间等焚烧参数的控制，定期检查系统存在的问题，及时处理。此外，为了防止或减轻以上直排或事故排放的影响，一般采取以下措施：

a. 在整个焚烧炉启动（升温）过程中，要求只加煤，不加垃圾，此时除尘袋仍然可正常工作，可有效控制大气污染物进入大气，减少污染。

b. 在整个焚烧炉关闭（熄火）过程中和烟气流量过低的时候，要求加煤燃烧，保持烟流量不低于设定值的 30% 或保持吸收塔入口烟温不低于 160℃，这样可使烟气处理系统保持正常工作状态，防止污染。

c. 为防止烟气不经滤袋除尘排放，燃烧及烟气处理系统应安装喷水降温装置，确保除尘器入口的控制温度不高于 260℃，使其处于正常工作状态，防止污染。

d. 在焚烧炉检修的同时，也对管道系统和负压抽吸系统进行检查，排除烟道内的积灰，做好管道的密闭和防腐工作。在日常运行中，也多注意管道系统的正常运作，减少事故的发生。

⑥ 爆炸风险

环境园内很多环节都会产生容易爆炸的甲烷，比如餐厨垃圾和粪渣处理中产生的沼气，各个生活垃圾焚烧厂的垃圾储存池产生的气体，均含有 CH_4。CH_4 相对密度 0.55，闪点 82℃，在空气中的爆炸极限为 5%～15%（体积比）或 33～100g/m³，自燃温度 595℃，爆炸等级为 1 级，是一种极易燃的气体，容易引发火灾和爆炸。

根据国内一些对填埋场的爆炸影响预测的研究，当填埋场沼气浓度达到最小爆炸极限（体积比 5%）发生爆炸时，其重度影响范围为半径 700m，轻度影响范围达到半径 1200m 以上。

一般情况下，堆肥以及各个垃圾储存池产生的气体均通过负压管道连接抽吸到焚烧厂进行焚烧，在控制好相关参数的情况下，可以正常运作。但是当排气管发生堵塞时，这些气体就不能正常地由排气管及时排出，其在地下聚集并发热升温，到达爆炸极限就会发生爆炸。CH_4 的最小点火能量为 0.28MJ。当 CH_4 达到一定浓度时，一个燃着的香烟头或一个电火花都足以引起火灾和爆炸。因此，防火是头等大事。

环境园内处理的垃圾量庞大，在环境园内的垃圾焚烧厂或者堆肥厂检修的时候，大量的垃圾将堆积在垃圾储存池内，其产生的沼气将不断增加，且不能同时得到处理。如果疏忽了其处理，一旦甲烷的浓度达到爆炸极限，将发生爆炸，则对环境园本身的影响将是难以估量的。好在环境园内主要为山体和各个处理构筑物，垃圾焚烧厂距离周边的人居敏感点较远。因此，对项目周边的居民区的影响会较小。但是，环境园仍应重视火灾事故风险影响，在运营过程中加强管理，做好各个废物处理环节的火灾风险防范措施，制定好应急预案，避免和杜绝火灾的发生。

2）环境健康风险

健康风险，是指暴露于一定浓度或剂量之下的群体中，个体发生不良健康效应的概率或可能性。1983 年，美国科学院（NAS）给出的风险评价的定义为："风险评价是描述人类暴露于环境危害因素之后，出现不良健康效应的特征。它包括若干个要素：以毒理学、流行病学、环境测定和临床资料为基础，确定潜在的不良健康效应的性质；在特定暴露条件下对不良健康效应的类型和严重程度做出估计和外推；对不同暴露强度和时间条件下受影响的人群数量和特征给出判断；以及对所存在的公共卫生问题进行综合分析。风险评价的另一特征，是在整个评价过程中每一步都存在着一定的不确定性。"简而言之是指群体暴露于一定浓度或剂量之下，个体发生不良健康效应的概率或可能性。风险评价的目的，在于估计特定剂量的化学或物理因子对人体、动植物或生态系统造成损害的可能性及其程度大小。

为了能定性定量表述污染物引起的健康危害，人们早在 20 世纪 40 年代就开始对风险评价技术进行研究。1976 年美国国家环保局（EPA）首次将风险评价方法应用于致癌物的评价，并因此颁布了《致癌物风险评价准则》。随后 1983 年美国国家科学院发布了题为《联邦政府风险评价管理》的报告，确认了这一方法。20 世纪 80 年代以来，EPA 在发布《致癌物风险评价准则（修订版）》的同时，又颁布了多个与风险评价有关的规范、准则，将风险评价的使用范围进一步扩大。随后，OSHA、FDA 及 WHO 等一系列国际机构与组织也相继颁布了与风险评价有关的规范、准则，使风险评价技术迅速发展并在世界范围内得到广泛的应用。

20 世纪 70 年代以来，风险评价已逐渐成为社会各界，包括科研机构、法规制定和行政管理部门日益重视的新兴学科。80 年代以后，风险评价开始进入环境评价领域。对于环境中有害的物理和化学因素的潜在健康危害效应，通过健康风险评价的方法，采用定量的风险度分析来判定环境危害的大小，可帮助政府机构和管理部门更合理地进行决策。

环境园作为一个集各种固体废弃物处理于一体的综合园区，污染物的排放需要确保周边公众健康和考虑社区居民的心理因素。各种污染物的排放将直接或间接地影响到区域环境质量，危害到附近居民的生命健康安全，同时引起居民的一些恐惧心理。环境园内的垃圾焚烧、垃圾填埋、渗滤液处理、粪渣处理、危险废物填埋等，将产生危害性极大的多种大气污染物和水污染物。其中，大气污染物的排放将直接降低区域大气环境质量，当其浓度水平和暴露剂量水平超过限值时，将给区域居民的生命健康带来直接的威胁。尤其是大气污染物中还含有一级致癌物——二噁英。而填埋场和临时堆放场的防渗工程出现问题时，将直接影响当地的地下水，废水处理后的排放也将直接影响地表水水体质量，通过食物链等环节间接地影响人体健康。

① 焚烧烟气中一般污染物的健康风险

垃圾焚烧过程中产生的大气污染物种类繁多，包括烟尘、多种酸性气体，如 SO_2、NO_2、HCl、HF 等，还有多种重金属或类重金属化合物、碳氢化合物、烃类、二噁英等。这些有害污染物在空气中扩散、稀释、传播，当排放的污染物量达到一定程度，在局部大气环境中达到一定的浓度值时，将在局部区域对人群健康起危害作用。环境园垃圾焚烧量庞大，其产生和排放的焚烧烟气污染物总量巨大，在发生事故或者处理不当的时候，将很可能因为大气有限的稀释净化能力而使得大量的烟气污染物集中，而在局部区域使得污染物浓度过高，从而引起人群健康灾害。

a. CO

CO 为无色无味无刺激性气体，密度为 $0.967g/cm^3$，熔点为 $-191℃$，微溶于水，易溶于氨水，有剧毒，与空气混合的爆炸极限为下限 12.5%、上限 74%。并且其能和血红蛋白结合，妨碍输血功能，造成缺氧症。空气中 CO 浓度为 $400mg/m^3$ 时，人体会出现头痛、恶心、虚脱等症状；浓度达到 $1000mg/m^3$ 以上时，人体会出现昏迷、痉挛甚至死亡。我国规定了大气中 CO 的最高容许浓度限值：在居住区一次测定值为 $3mg/m^3$，日均 $1mg/m^3$；车间空气中为 $30mg/m^3$。

b. SO_2

SO_2 进入呼吸道后，因其易溶于水，故大部分被阻滞在上呼吸道，在湿润的黏膜上生成具有腐蚀性的亚硫酸、硫酸和硫酸盐，使刺激作用增强。上呼吸道的平滑肌因有末梢神经感受器，遇刺激就会产生窄缩反应，使气管和支气管的管腔缩小，气道阻力增加。上呼吸道对 SO_2 的这种阻留作用，在一定程度上可减轻 SO_2 对肺部的刺激。但进入血液的 SO_2 仍可通过血液循环抵达肺部产生刺激作用。

SO_2 可被吸收进入血液，对全身产生毒副作用，它能破坏酶的活力，从而明显地影响碳水化合物及蛋白质的代谢，对肝脏有一定的损害。动物试验证明，SO_2 慢性中毒后，机体的免疫受到明显抑制。

SO_2 浓度为 $10×10^{-6}\sim15×10^{-6}$ 时，呼吸道纤毛运动和黏膜的分泌功能均会受到抑制。浓度达 $20×10^{-6}$ 时，引起咳嗽并刺激眼睛。若每天吸入浓度为 $100×10^{-6}$，支气管和肺部会出现明显的刺激症状，使肺组织受损。浓度达 $400×10^{-6}$ 时可使人产生呼吸困难。SO_2 与飘尘一起被吸入，飘尘气溶胶微粒可把 SO_2 带到肺部使毒性增加 $3\sim4$ 倍。若飘尘表面吸附金属微粒，在其催化作用下，使 SO_2 氧化为硫酸雾，其刺激作用比 SO_2 增强约 1 倍。长期生活在大气污染环境中，由于 SO_2 和飘尘的联合作用，可促使肺泡纤维增生。如果增生范围波及广泛，形成纤维性病变，发展下去可使纤维断裂形成肺气肿。SO_2 可以加强致癌物苯并（a）芘的致癌作用。据动物试验，在 SO_2 和苯并（a）芘的联合作用下，动物肺癌的发病率高于单个因子的发病率，在短期内即可诱发肺部扁平细胞癌。在我国，居住区的 SO_2 最高允许浓度限值为一次测定值 $0.5mg/m^3$，日均值 $0.15mg/m^3$；车间空气限值为 $1.5mg/m^3$。

c. NO_2

NO_2 是红褐色的刺鼻气体，其对人体的危害表现在严重刺激呼吸系统，进入肺部后与水作用形成硝酸，刺激、腐蚀肺组织，增加肺毛细血管通透性，形成肺水肿。亚硝酸盐与血红蛋白可引起组织缺氧，形成高铁血红蛋白，出现严重呼吸困难，血压下降，意识丧失及中枢神经麻痹。在 NO_2 浓度为 $9.4mg/m^3$（$5×10^{-6}$）的空气中暴露 $10min$，即可造成呼吸系统失调。在我国居住区一次测定浓度限值为 $0.15mg/m^3$，车间空气中的限值为 $5mg/m^3$。

d. HCl

HCl 是无色气体，易溶于水，在潮湿空气中发烟，对眼和呼吸道黏膜有较强刺激作用；会引起胸部窒息感、咳嗽、咯血、肺水肿，甚至死亡。慢性中毒引起呼吸道发烟、牙齿酸腐蚀、鼻黏膜溃疡、肠胃炎等。在我国，大气中的浓度限值是居住区一次测定值为 $0.05mg/m^3$，日均 $0.015mg/m^3$；车间空气中 $15mg/m^3$。

e. 烃类

烃类又称碳氢化合物，种类繁多，分为饱和脂肪族烃、不饱和脂肪族烃和混合烃类。第一类以甲烷为代表，高浓度时引起头痛、头晕、乏力、精神不集中、心率增加、呼吸困难、窒息及昏迷。第二类以乙烯为代表，有强烈的麻醉作用，长期接触出现头昏、全身不适、乏力、思维不集中，个别出现肠胃道功能紊乱。

f. 多环芳烃

苯并（a）芘、1，2，5，6-二苯并芘、3，4-苯并芘等多环芳烃被认为是强致癌物。4，4-苯并芘可在人体内扰乱核酸代谢，致细胞恶性分裂，发生癌变。长期接触多环芳烃，可能引起皮肤癌、肺癌、鼻咽癌、消化道癌、膀胱癌、乳腺癌、子宫癌等。同时，多环芳烃类物质还能在鱼类、水生生物、农作物的体内积累，从而进入食物链，间接地危害人类健康。

② 重金属及类重金属的健康风险

环境园内不但垃圾焚烧烟气中含有重金属及类重金属化合物，在大气中直接危害人群健康，而且炉渣、飞灰以及渗滤液中也含有大量的重金属污染物，通过水体、土壤、作物等间接地危害人群健康。

a. 汞（Hg）

汞是常温下唯一的液态金属，银白色，易流动，密度为 $13.6g/cm^3$，熔点 $-39℃$，沸点 $356.58℃$。不溶于水，也不为水所浸润，但可溶于硝酸，能溶解很多金属而生成汞气，汞蒸气比空气重 6 倍，并具有强毒性。汞蒸气和无机汞通过呼吸道进入人体，消化道及皮肤也能吸收汞，汞脂溶性强，能在人体内蓄积，主要作用于神经系统、心脏、肝、肾及胃肠道，引起急性和亚急性中毒，表现为头痛、头昏、乏力、发热、牙龈红肿、糜烂出血积脓、牙齿松动、水样便或大便出血。慢性中毒表现为精神神经障碍，多为头昏、乏力、健忘、失眠或嗜睡、多梦、多汗，易激动，日久性格发生改变，手或舌震颤。重症中毒患者发生"汞毒性脑病"。

最高容许浓度：在居民区汞的最高容许浓度为日均 $0.0003mg/L$；车间空气中为金属汞 $0.01mg/m^3$，有机汞化合物 $0.005mg/m^3$；生活饮用水不得超过 $0.01mg/L$。

b. 铅（Pb）

铅及其化合物粉尘烟雾从呼吸道进入人体，也可随食物、水等进入消化道。铅主要作用于神经系统、造血系统、消化系统和肝肾等器官。铅能抑制血红蛋白的合成代谢过程，还能直接作用于成熟红细胞。进入血液循环的铅能迅速分布到骨骼、肝肾脑等器官，体内大部分铅存储于骨骼中。中毒早期表现乏力，肢体轻度酸痛，口内有金属味和流口水，继而表现为神经衰弱症候群、神经障碍等中毒性脑炎、食欲不振、恶心、呕吐、便秘、腹绞痛，甚至出现中毒性肝坏死，引起铅中毒性贫血，出现蛋白尿。

最高容许浓度：居住区大气中铅及其化合物（换算为 Pb）日均浓度值为 0.0007mg/m³；车间铅尘为 0.03mg/m³，地面水 0.01mg/L；工业废水排放浓度不超过 10mg/L。

c. 镉（Cd）

从焚烧烟气中排放出来的镉在大气中通过呼吸道和消化道进入人体后，与人体中各种含硫基的酶化合物结合，从而抑制酶的活性和生理功能。镉在肾、肝中蓄积，生物学半衰期为 17～18 年，能引起肾脏损害、肝损害、贫血等症状。长期吸入镉烟尘，可导致骨痛病，引起骨质软化、变形，严重时形成自然骨折，口服硫酸镉的致死量为 30mg。土壤对镉的容纳量很小，而且很容易转移到蔬菜等作物中，引起人畜中毒。灌溉水中镉浓度超过 4×10^{-6}mg/L，即影响水稻等作物生长。水溶性镉化合物浓度为 0.0001mg/L 就能使鱼类及其他水生生物死亡。镉在水体中被作为第一类污染物进行限制，地面水体中的浓度限值为 0.01mg/L，渔业用水浓度限值为 0.05mg/L，生活饮用水限值为 0.01mg/L。

d. 铬（Cr）

六价铬毒性比三价铬的毒性大 100 倍，对消化道及皮肤有强刺激和腐蚀作用，引起黏膜损害、接触性皮炎；对呼吸道造成损害，有致癌作用；对中枢神经系统有毒害作用。铬能在肝肾肺中蓄积，慢性中毒时引起鼻中隔穿孔，呼吸道和胃肠道炎症，腐蚀内脏，有致癌作用。居民区大气中六价铬浓度限值为 0.0015mg/L，空气中三氧化铬、铬酸盐、重铬酸盐（以 Cr_2O_3 计）浓度限值为 0.1mg/m³。地面水中六价铬浓度限值为 0.5mg/L，生活饮用水中限值为 0.05mg/L。

在环境园规划过程中，需对不同布局方案下的焚烧烟气污染物排放进行预测，比对周边环境的最大贡献值是否在目前有关标准内，是否属于就目前的技术和经济状况来说的可接受范围。同时需注意的是，重金属及类重金属类的化合物毒性较大，可在人体内蓄积，引起各种疾病和慢性中毒。因此，即使预测值符合有关标准，仍需在建设和运营过程中重点关注重金属类的控制。

③ 二噁英类的性质和健康风险

a. 二噁英的性质

二噁英的定义很广，包括多氯二苯并二噁英（PCDD）及多氯二苯并呋喃（PCDF），它们有很多的同分异构体。二噁英类的物质大约有 75 种，其中毒性最大的是 2，3，7，8 一四氯二苯并二噁英（TCDD）。PCDD 和 PCDF 的结构见图 5-37。

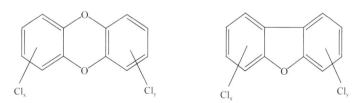

图 5-37　PCDD、PCDF 结构图

PCDD 及 PCDF 为白色固体，是一类难挥发的化合物，其挥发性随着分子中氯原子的取代数目增加而减少。PCDD 及 PCDF 类物质很难溶于水且难挥发，因此它们很容易存在

于土壤中，或者富集于颗粒物质的表面，在大气污染物中难以存在。二噁英类物质中毒性最大、研究最多的是2，3，7，8-TCDD。该化合物的亲脂性很高，在脂肪类、油类物质和非极性的溶剂中具有较高的溶解度，但是极难溶于水中。

大多数PCDD类物质在加热、酸、碱环境中都相当稳定。二噁英类物质在500℃时开始分解，到800℃时，2，3，7，8-TCDD可以在21s内完全分解。二噁英类物质在紫外线的照射下比较敏感，容易发生光分解，在有效氢供体（Hydrogen Donor）的存在下二噁英类物质比较容易脱氯。

PCDF在碱性和酸性条件下相对稳定。将其置于60.8kPa的氮气中，在830℃时进行热解，1.4s后发现只有4.5%发生分解；当温度低于830℃时，没有发现PCDF产生分解。分解产物有甲苯、苯乙烯、茚、萘、水、氢、碳、邻乙基苯酚及多苯酯。苯环上取代的烷基或氯原子越多，产物的极性越弱。在水中的溶解度更低，在有机溶剂中的溶解度则更高。

b. 二噁英的危害性

根据有关研究，生活垃圾本身含有一定量的二噁英，在燃烧中大部分会分解，部分则排放出来；由于垃圾中存在一些含氯的前体物，因此，在燃烧过程中也会生成二噁英；在燃烧不充分时，被分解的二噁英又可能重新合成。因此，垃圾焚烧很难完全避免二噁英的生成。这些污染物一部分将通过大气的沉降作用而降落在地面上，进入土壤环境、地下水体、地表水体和各种植物、农作物中；一部分则通过人体和动物的呼吸进入生物体内；还有一部分因为雨水的淋溶作用而进入水体中，间接危害人类和动植物的生存环境。由于二噁英的累积效应，其影响将是长期的、不可逆的，因此其影响应引起足够的重视。

目前，国内垃圾焚烧厂的处理规模空前加大，而处理投资费用却紧缩，仅仅借鉴国外的成功经验，却没有相应的投资，是难以和国外比较处理效果的。比如日本大阪舞洲的一个每天900t处理规模的垃圾焚烧厂，其投资费用达到600亿日元，相当于39亿元人民币，其处理后排放的二噁英浓度相当于日本排放标准的1%；而每天处理规模为1675t的平湖垃圾焚烧厂的投资费用仅为6.2亿元人民币。巨大的投资反差，如何能对比其处理效果、保证人群的健康安全，这是值得认真思考的。

c. 二噁英的控制标准

通常评价二噁英时，采用每日可耐受摄入量（Tolerable Daily Intake，TDI）的概念，即从人体健康的角度出发，把人的一生所能耐受的二噁英总量分解为1d/kg体重所能摄取的量。2001年世界卫生组织根据所取得的最新毒理学研究成果，尤其是对神经系统和内分泌系统的毒性效应研究成果，对外公布的二噁英人体安全摄入量的标准TDI值为1～4pg/（kg·d）（$1pg=10^{-12}g$）。按每人生存70年，对人体健康无明显危害的摄入量为：成人体重70kg算，每月摄入量不大于4.9ng，每年摄入量不大于59ng，儿童按15kg体重算，每年摄入量不大于10ng。

1997年，日本制定了"特别行动法"，当年把烟气排放浓度高于$80ngTEQ/Nm^3$的烧炉立即关闭，对焚烧炉周边饮用水源、农作物、食品、人体健康进行了深入细致的研究工作，研究成果报告多达3300项，该报告中提到：当二噁英浓度在$0.1～0.5ngTEQ/Nm^3$时，未发现焚烧炉烟气中"二噁英"的排放对焚烧炉周边饮用水源、农作物、食品和人体健康造成的危害。

欧盟对人体健康的要求比较高，制定标准也比较严格，将二噁英排放标准定为 $0.1ngTEQ/Nm^3$ 是目前世界上学术界无争议的、无害的、最安全的标准。《生活垃圾焚烧污染控制标准》GB 18485—2014 中，结合国内外的研究成果和国内焚烧水平，垃圾焚烧烟气二噁英排放浓度选用了公认的安全值 $1.0ngTEQ/Nm^3$。

由于二噁英难以衰减，其在人体内会不断积累，对于长期生活在环境园周边的居民来说，长期吸入微量二噁英，当积累到一定程度以后，很可能会引起各种疾病，甚至发生癌变。而且在环境园的运营管理过程中，还可能发生事故性排放，导致在一些时间段局部区域内的二噁英等污染物浓度急剧升高，带来更大的健康风险。因此，当地政府应高度重视环境园对周边居民可能带来的健康风险，适当地考虑对环境园周边较近的部分居民实行逐步搬迁计划，或者对其实行一定的经济补偿。同时，环境园在建设和运营中，必须考虑对二噁英的严格控制。如果能像日本某些焚烧厂那样，做到二噁英的排放浓度达到排放标准 $0.1ngTEQ/Nm^3$ 的 1%，即 $0.001ngTEQ/Nm^3$，则二噁英的危害性将降低 100 倍，其环境影响大为降低，环境健康风险也随之降低。因此，从环境园的建设来说，从源头上控制二噁英的生成，显得尤其重要。而日本的经验也在告诉我们，通过各种技术措施和管理措施大大降低二噁英的排放量是可以做到的。

从焚烧设施上看，联合国环境规划署化学品处发布确定的不同生活垃圾焚烧设施的二噁英类排放因子，见表 5-34。从表中可以看出，不同的焚烧设施，其吨垃圾排放的二噁英类因子差别很大。因此，选用较为先进的焚烧设施，对于从源头上控制二噁英排放量是很重要的。而且对于新建的垃圾焚烧厂来说，只要资金上允许，直接选用可控的较为先进的焚烧设施比对已建设施进行整改要容易得多。

联合国发布的不同垃圾焚烧设施的二噁英类排放因子　　　　　　表 5-34

分类	二噁英类排放因子（μgTEQ/t 垃圾）		
	大气	飞灰	底灰
简陋的焚烧设施	3500	—	75
可控的焚烧设施，最基本的 APCS	350	500	15
可控的焚烧设施，较好的 APCS	30	200	7
先进的焚烧设施，完善的 APCS	0.5	15	1.5

④ 恶臭气体的健康风险

恶臭气体的危害主要有六个方面：

a. 危害呼吸系统：人们突然闻到恶臭，就会反射性地抑制吸气，使呼吸次数减少，深度变浅，甚至完全停止吸气，即所谓"闭气"，妨碍正常呼吸功能。

b. 危害循环系统：随着呼吸的变化，会出现脉搏和血压的变化。如氨等刺激性臭气会使血压出现先下降后上升、脉搏先减慢后加快的现象。

c. 危害消化系统：经常接触恶臭，会使人厌食、恶心，甚至呕吐，进而发展为消化功能减退。

d. 危害内分泌系统：经常受恶臭刺激，会使内分泌系统的分泌功能紊乱，影响机体的代谢活动。

e. 危害神经系统：长期受到一种或几种低浓度恶臭物质的刺激，会引起嗅觉脱失、嗅觉疲劳等障碍。"久闻而不知其臭"，使嗅觉丧失了第一道防御功能，但脑神经仍不断受到刺激和损伤，最后导致大脑皮层兴奋和抑制的调节功能失调。

f. 对精神的影响：恶臭使人精神烦躁不安，思想不集中，工作效率降低，判断力和记忆力下降，影响大脑的思维活动。

3) 社会风险

环境园内各类设施存在的生态环境安全和环境健康风险，不仅不可避免地将对环境造成生态影响、对周边居民造成健康影响，还可能因为对居民的日常生活影响过大而引发居民的焦虑和抵触情绪，如果处置不当可能导致社会风险。

① 居民安全引发的焦虑风险分析

居民安全风险主要是指环境园规划建设和运营过程中，因园内垃圾焚烧厂、污水处理厂、填埋场等污染物处理处置设施直接或间接地对周边居民的健康、生命及公私财产等构成危害的风险事故。这类风险事故主要有：垃圾运输车辆穿过居民区引起的交通事故、垃圾和污水处理设施排放的有毒有害物质引起的身体疾病及焚烧黑烟引起的居民心理焦虑等。民众处理此类风险的表现方式主要有：集体请愿给政府施加压力、在环境园进园道路设置路障阻停环境园建设或运营等。

② 居民生产生活质量下降风险分析

我国几乎所有的垃圾处理处置设施都存在恶臭扩散影响周边居民生活的现象，居民也因此"不堪重负"，与垃圾处理设施进行着一场持久的抵制战，政府也由此积累起信任危机。居民生产生活质量下降风险主要是指：环境园内垃圾焚烧厂、污水处理厂、污泥处理厂、填埋场、粪渣处理厂等散发的恶臭等大气污染物对新鲜空气，垃圾渗滤液对河流水系，垃圾运输对城市交通及设施，噪声对小区环境的多次或持续污染，并由此造成居民生活质量、生产方式发生蜕变的风险事故。一旦民众对政府的信任破裂，这类风险事故可立即转化为社会稳定风险，表现为基层群众的越级访、集体访和重复访。

5.7.3 应对措施

环境园的风险主要包含三个方面，即生态环境安全风险、环境健康风险和社会风险。其中，生态环境安全风险主要是指环境园内各类污染物治理设施排放的烟气、废水、废渣等污染物对大气、水体、土壤等的污染或破坏，从而对人的生存环境构成不利影响的风险事故；环境健康风险主要是指环境园内环卫工程设施在对生活垃圾等污染物进行处理处置过程中直接或间接地对园区周边居民造成的不利影响；社会风险主要是指在环境园影响了居民日常生活情况下，若此类影响未能及时得到有效解决，居民由此可能采取非合理方式对环境园主管部门或其他政府部门施加压力而形成的集体请愿、阻停环境园建设运营等社会稳定风险。对风险发生的社会环境和条件分析总结如下：

由于监管不力或利益驱使，环卫项目兴建时以低于设计标准建设，设施建设质量上出现问题，最终使垃圾处理或污染物排放不达标；恶臭等扰民因素未能有效控制，民众对此抵触而政府相关部门亦未能及时妥善处理，致使民怨累积；垃圾焚烧设施排放的烟尘，尤其是二噁英，由于政府无污染物治理信息公开平台，居民对此类污染物的恐惧心理日益加剧；与当地居民未建立良好的互信沟通渠道，征地前未能"征得民心"，环境补偿不到位，致使政府失信，矛盾恶化；其他规划与环境园规划的冲突，致使环境园安全防护距离被城市建设吞噬，使环境园裸露于城市群中，污染被放大；当紧急情况发生时，未能形成一套行之有效的应急处理方案；环境园的社会效益等环保宣教不够。

基于上述风险发生的社会问题，提出如下风险控制措施。

1. 高标准建设、高水平管理，严格按相关标准实现污染物达标排放

政府应选择信誉度高的企业、设计施工单位、运营单位对环境园进行建设、运营与管理，从技术层面和管理政策层面有效控制风险。

当一个企业要从事垃圾处理设施项目建设和运营时，必须达到与该项目相应的等级，拥有与企业规模相应的专业技术人员、资金、场地和设备，配备足够满足环境卫生作业需要的服务人员、作业工具和运输工具。政府应对企业从事环境园污染物治理项目建设运营严格把关。

对于即将进入垃圾处理项目的企业或者已经进入这个行业的企业，政府应加强监督力度，定期对其进行审核，核证企业是否按照污染排放标准实行污染物处理处置。当垃圾处理项目投资单位出现如下情况时，政府部门应采用临时接管措施。

（1）因企业管理不善发生重大质量或安全生产事故。

（2）擅自停产停业，严重影响社会公共利益。

（3）作业过程造成重大环境污染或者其他不可逆影响。

（4）其他重大、紧急、可能危及公共安全利益的行为。

在垃圾处理项目的招标投标中，采用传统的最低价中标方式往往会存在一些问题。有一些企业为了取得项目，推出不合理的招标价格，企业对风险考虑过小，或者根本没有考虑到风险问题，即推出较低价格。为了获得相应的利润，在项目的建设和运营过程中投资机构降低建设标准，使设施建设质量上出现问题或者垃圾处理达不到标准。但由于垃圾处理项目总体上的公益性，使得政府无法轻易停止该项目，出现这样的问题时，项目的投资机构将和政府再次进行谈判。投资机构将要求政府提供更优惠的条件，即提高单位垃圾处理费用。为了使项目正常运行，不影响人民群众的生活、工作环境，政府在大多数情况下将提高单位垃圾处理费用。这样不但使人民将承担更多的垃圾处理费用，而且使建设工程的运行质量降低。建立合理中标价格体制，需要政府在项目可研阶段对每一个投标单位的技术方案、资金流动等全面考虑，并适当考虑风险程度，对项目进行估算，看投资机构所报价格是否合理。在报价合理的基础上选择低价的、信誉度高的企业与之合作。这不仅提高了工程的建设、运行质量，也将节省开销。

2. 设置科学合理的防护距离，尽量降低环境园对周边的影响

应依据我国现有环境、卫生保护法规的规定，分别计算环境园内各设施排放源的卫生防护距离，并与行业标准中有关防护距离对比，科学设置环境园防护距离。其中无组织排放防护距离应依据 5.7.1 节中的计算模式进行具体计算；大气环境防护距离应依据《环境影响评价技术导则　大气环境》HJ 2.2—2018 进行计算。垃圾焚烧厂防护距离按规定不得少于 300m，焚烧厂在不采取负压措施下直接排放，则卫生防护距离宜设置为 600m。考虑到垃圾焚烧产生的负面影响较大，条件允许情况下防护距离可定为 1000m。生活垃圾填埋场防护距离为 500m；危险废物填埋场防护距离为 800m；其他垃圾渗滤液处理厂、餐厨垃圾处理厂和粪渣处理厂等设施可通过具体环境影响研究，类比同类同规模项目分析确定。

3. 加强环境园周边相关规划与环境园规划的协调性

防护用地是环境园规划区内的环卫工程设施对周边居民直接或间接影响最小化的重要保障，也是降低、舒缓或化解风险的重要保护措施。若因周边规划与环境园规划冲突，园区周边城市建设侵占了环境园的防护用地，削低了防护带的防护功能，自然便造成了污染面的扩散，对居民生存环境的负面影响加剧，引发居民抵触等社会风险。因此建议当地政府尽快出台相关文件，要求环境园周边规划与建设要以环境园制定的规划指引为指导，协调环境园与周边的关系，促进环境园与周边和谐发展。

4. 加强环境园建设效果与功能的宣传，让公众科学理解环境园

环境园建设在城市垃圾处理处置和城市未来建设中占有十分重要的战略地位，其必要性、重要性和先进性必须通过不同的渠道让市民充分理解。政府应充分展示环境园在城市垃圾处理方面取得的社会与环境效益。同时，政府可以通过网络平台等其他交流载体，将环境园污染物治理信息和污染物排放信息进行实时公布，接受公众监督，逐步消除环境园周边居民对环境的抵触或反对心理，最大程度地争取居民科学理解并支持环境园建设运营，从而降低和化解风险的发生。

5. 建立政府与公众的互相沟通渠道

由于环境园可能对周边居民带来负面影响、引发居民投诉，若处理不当，可能会激化政府与公众之间的矛盾，不利于环境园的建设运营。因此，应建立政府与公众的双向沟通渠道，保持与公众的有效沟通，听取民声，及时解决民众问题，从心理上引导居民支持环境园建设，从物质上安抚居民的利益受损，从而大大降低环境规划实施过程中风险事故的发生。

6. 建立质量安全管理体制和应急组织机构

应对环境园项目的有关内容进行审查，包括项目的设计和施工计划、相关的工程技术规格、工程现场内外的布置，以及项目的特点等，基于审查结果建立质量安全管理体制。其中包含制定一个完善的安全计划；评估及监控有关系统和安全装置；制定灾难计划；制定应急计划等，明确各类人员的责任和义务。然后定期对投资机构的环境作业情况进行考查，确保垃圾处理项目建设、运营过程中的质量和安全。

5.7.4　小结

环境园作为城市环卫设施集中的园区，承担了辖区内的生活垃圾、餐厨垃圾、建筑垃圾、污水污泥、粪便、飞灰、大件垃圾、危废等废弃物的分选、破碎、综合利用、焚烧及填埋的处理处置功能，其重要性不言而喻。但由于环卫设施不可避免地会对周边带来环境污染等生态环境影响以及居民安全和生活质量下降等社会影响，存在一定的风险。因此，在环境园规划建设前期应充分考虑风险，并通过环卫设施的高标准建设、高水平管理和补偿机制来规避、舒缓甚至化解风险。

5.8　行动计划与实施保障

5.8.1　总体安排

（1）环境园的规划建设应结合相关规划确定环境园建设或拆迁用地，如涉及拆迁，可参照旧村改造与搬迁相关做法、标准，启动园区内涉及的居民拆迁安置工作。

（2）应重点考虑协同环境园内外的相关道路及市政配套设施的建设步伐，以保证完善的基础设施体系配套园区正常运转。

（3）建设时序的安排应保障垃圾焚烧厂、污泥处理厂、污水处理厂和焚烧底渣填埋场等设施尽快启动建设，以确保垃圾可尽早尽快进厂处理。

（4）园区的规划实施需重点考虑如何进一步完善配套设施，同时根据实际需求酌情考虑增加园区垃圾处理内容，推动循环经济链条延伸，提升园区处理能力与经济社会效益。

（5）宜同步考虑优化美化园区景观及人文环境，包括科教基地的建设，以发挥科普宣传教育示范作用，提升社会公益价值。

5.8.2　行动计划

1. 基本原则

环境园规划建设的原则应秉持通过解决环境园建设的关键难题，使其他问题迎刃而解；抓住关键设施的建设，带动整个环境园其他项目及配套设施的建设，促进环境园建设的高效、有序推进。

2. 基本思路

环境园规划建设行动计划的基本思路可主要提炼概括为五个方面：一是底线控制，即严格做好园区设施选址与周边敏感区的规范安全防护间距的控制、景观生态廊道的控制、关键生态节点的控制和景观生态安全格局的构建等。二是项目带动，即通过如垃圾焚烧厂、污泥处理厂和填埋场等设施的先期启动建设，带动静脉循环利用设施及其产业链条建设，如炉渣制砖场、建筑垃圾综合处理厂等建设，最终形成完善的垃圾处理系统。三是设施引导，即通过重要基础设施、服务设施的建设，引导园区环卫设施的建设。四是场所塑造，包括对园区的景观特色、文化氛围、服务水平等方面以及节点片区场所进行塑造，以提高节点片区的环境品质与文化吸引力。五是政策支持，如推动出台适宜当地及园区自身情况的垃圾收费政策、环境补偿政策、地价调节政策等，促进园区的高标准建设、安全平稳运行，严格实行高水平管理。

3. 具体计划

首先，如涉及拆改腾挪用地，则需尽早开展拆迁安置工作，整备土地，早日腾出用地，这是园区一切建设的基础和关键。鉴于搬迁安置工作复杂、推进难度大，按正常进度，至少需要两年，因此必须由政府相关部门牵头，统筹安排，系统协调，加快推进。

其次，在保护自然生态环境及相关已有基础设施的同时，关注周边水源引水管管位，同步环境园内外相关道路及市政配套设施的建设步伐，完善园区基础设施，为环境园建设奠定基础条件。

再次，可根据实际情况进行各设施计划安排，如可考虑先启动垃圾焚烧厂、污泥处理厂、飞灰处理厂、污水处理厂、飞灰安全填埋场、焚烧底渣填埋场和炉渣制砖厂的建设，以确保垃圾进厂后可充分利用、妥善处理。

最后，建设园区科研、办公及教育基地，为园区提供智力和管理支撑，提供教育和展示平台。

5.8.3 实施保障

1. 管理保障

环境园实施管理是保障园区平稳、绿色、高效、可持续运行的核心。可通过成立设施建设领导小组并下设城市垃圾处理设施建设协调办公室，建设领导小组负责协调和督促以推进环境园和各城市垃圾处理设施的建设，而环境园所属辖区亦应设立相应机构负责落实辖区内环境园及城市垃圾处理设施的建设工作。

同时，可同步成立以城管部门牵头，多部门参与的专门的环境园管理机构，负责规划统筹各建设项目，协调各方关系，以助于有序推进园区建设，科学管理园区运营。

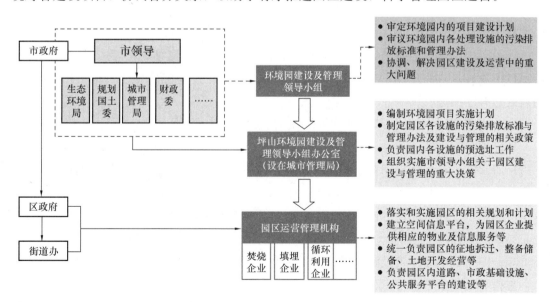

图 5-38　环境园实施机构建设建议示意图

2. 法律保障

园区运维需确定符合当地实际垃圾收费标准、处理标准及环境保护指标体系，制定垃圾收运及处理相关指导方法，健全垃圾管理法规体系，严格执行相关法律、法规、标准。

此外，园区需确定符合实际的环卫处理设施环境补偿机制，制定相关的实施办法。环境补偿机制实施后，有利于取得公众的理解和支持，维护社会和谐。这不仅对推动垃圾焚烧厂的建设进程和将来的平稳运营有利，也符合当下提倡的以人为本、绿色可持续的生态和谐发展精神。

3. 组织保障

组织保障方面，可借鉴我国香港地区协调委员会经验，即建立污染防治与环境保护协调制度，具体组织保障措施可从以下几个方面开展：

一是可通过强化园区主管部门的组织协调职能，进一步建立风险指引概念。为了确保环境园建设所引致的风险水平控制在人们可接受范围内，须在编制园区规划的同时，由环境保护监督部门组织环境影响评价工作。环境影响评价和规划研究工作的推进，需要首先明确风险指引，即环境园内建设的环卫设施个体和群体产生的风险到底应该控制在何种水平。所以，建议参照交通事故、安全生产事故等发生概率，出台相应的风险指引。如可参照我国香港地区的经验，提出个人风险和群体风险的概念。

二是可通过建立各职能部门之间的协同行动机制，进一步强化部门协调力度。可通过建立全面空间管制区域的控制与管理，把空间控制图则和发展提议等作为指导各部门业务工作开展的重要依据。同时建议建立重大事故应急机制，在环境园及垃圾处理设施发生重大事故时动员所有能动员的力量，把可能产生的危害和风险降到最低程度。

三是可通过建立各环卫设施相关管理部门的资源和信息共享机制，推动构建共同的信息平台。为提高政府资源的使用效率，减少不必要的重复统计和调研工作，规划可提出建议相关部门建立环境园区及其他垃圾处理设施建设的统计手册制度等保障措施。建议每年可由城管部门、安全生产监督部门、规划部门、环保部门、建设部门等根据各自业务工作开展需要进行相关统计，汇总至主管部门形成统计手册，从而实现垃圾产生、收集、运输到园区及场站处理处置的全过程的信息交流共享，包括处理能力、剩余库容、用地规模及周边地区建设活动等统计信息的动态更新。

5.8.4　相关建议

1. 实施前期建议

第一，前期需开展环境园相关利益方的协调工作，包括启动用地红线范围、控制范围及影响范围内违法建筑查违、拆迁区的数据统计、产权登记工作和安置用地的规划设计工作，对环境园红线范围及控制范围实行整体征地工作，妥善处理拆迁安置工作，尽早完成拆迁。

第二，需保障并前置环境园对外及内部道路的建设，为相关环卫设施的建设打好基础。并建议由政府统筹，同时加强相关部门配合，对园区进行分期、分步的实施计划。同时，建议政府同步出台环境补偿相关政策，以减少园区建设阻力，保障园区建设顺利进行。

第三，建议政府同步出台相关文件以明确环境园周边规划与建设要以规划指引为指导，保证环境园与周边的协调关系，促进环境园与周边发展的和谐。

2. 建设与运行建议

环境园的建设，特别是生活垃圾焚烧厂、污泥处理厂、填埋场等敏感度高的设施，应保证高标准建设、高标准配套、高水准管理，严控环保目标。

垃圾处理设施建设方面，必须与主体工程同时设计、同时施工、同时投产使用。同时，各类处理设施建设和运行应避免水、气、固体及噪声污染，不对公共卫生造成危害，建设前需进行水、气、固体、声等的本底测试，建设运营后要定期进行污染监视，各项指标需满足国家有关法律、法规和现行标准的要求，确保污染物排放达标。在设施建设前，需要对园区"五通一平"进行评估，并采取相应工程措施，以保证工程进度。

此外，园内应设置电子信息系统，定期向公众公布环境监测结果，让民众可以在线查询有关监测数据，解除心中疑惑，并起到监督、约束作用。

3. 配套法律与政策建议

环境园的建设离不开配套法律与相关政策的支撑，还须相应地建立完善、科学的配套法律与政策，通过制定相关法律来保障垃圾的资源利用及减量化，具体做法包括：一是着力推动完善当地城市垃圾处理设施建设、环境污染控制及运营管理等标准，加大投入，并按标准核定城市垃圾处理运营费用或政府补贴费用；二是需与时俱进地修订生活垃圾处理费征收与使用管理办法，建立匹配城市当下发展情况的生活垃圾处理收费征收与支付标准调整机制；三是建议推动建立建筑垃圾处理收费机制，促进企业参与建筑垃圾设施投资建设；四是建议不断完善城市垃圾处理政策法规和投融资机制，进一步开放城市垃圾处理服务市场，通过招标投标方式，以特区经营、承包经营、租赁经营等多种方式，择优选择优质企业承担城市垃圾处理服务，以进一步提高城市垃圾处理质量及运营效率。

第 6 章　环境园规划成果要求

6.1　成果内容要求

6.1.1　成果组成

规划的主要成果包括规划文本、规划图纸、规划说明书三方面内容。其中规划文本和规划图纸是详细规划的主要成果与精髓，是规划管理的技术依据，也是修建性详细规划的编制技术准则。规划文本和规划图纸具有同等法定效力，应同时使用。

6.1.2　文本内容要求

文本是规划的法制化和原则化体现，需要以简练、明确的条款形式表达，表达规划的意图、目标和对规划的有关内容提出的规定性要求。

（1）总则：说明规划目的、依据、规划原则、规划范围、适用范围、执行主体和管理权限等内容。

（2）规划背景、发展目标：简要说明规划编制的社会经济背景与规划目标，一般是指规划地区及周边片区的经济发展情况、片区发展的未来定位和方向，并说明因相应的社会结构变化和城市土地资源、空间环境的调整，在各方因素下进行规划编制的必要性，明确规划的经济、社会、环境等目标。

（3）规划依据、原则：简要说明与规划区相关联且编制生效使用的上级规划、各级法律法规行政规章、政府文件和技术规定，这些都是规划内容条款制定中必须或应当遵循参照的依据。规划原则是对规划内容在编制过程中的规划指导思想和重大问题取值上的明确和限定。

（4）规划范围及情况概括：简要说明规划范围所在区域及自然地理边界，说明基本现状情况、现状用地地形地貌、水文水系等对规划产生重大影响的情况。

（5）产业发展：简要说明规划区产业的未来发展定位，说明重点开发哪些匹配产业如固废处理、再生资源、大气污染处理等生态环保产业。

（6）用地布局与土地利用：根据《城市用地分类与规划建设用地标准》GB 50137—2011 划分地块，明确各类用地布局与规模，对土地使用的规划要点进行说明，确定各地块的规划控制指标。

（7）规模与开发强度：简要说明规划园区内各个用地处理片区，各项固体废弃物处理规模的预测以及开发强度。

（8）公共设施：明确规划园区内的公共配套设施类型。

（9）综合交通：明确对规划道路及交通组织方式、道路性质、红线宽度的规定，对交叉口形式、路网密度、道路坡度限制、规划停车场、出入口、桥梁形式及其他各类交通设施设置的控制规定。

（10）市政工程：合理预测规划片区的市政需求量，结合上层次规划，按照具体需求落实市政设施，在保证市政服务能力的同时，提高供应保障率。

（11）城市设计：在上一层次规划提出的城市设计要求基础上，提出城市设计总体构思和整体结构框架，补充、完善和深化上一层次城市设计要求。

（12）自然生态保护与绿地系统规划：明确规划区绿地系统的布局结构以及公共绿地的位置规模，说明绿地的范围、界限、规模和建设要求。结合分析规划区内河流水域基本条件，结合相关工程规划要求，明确河流水域的系统分布，以及"蓝线"控制原则和具体要求。

（13）"五线"控制：对规划确定的各类市政、交通设施应严格按黄线要求控制。

（14）规划实施：提出规划区应按照国家相关法律法规以及市应急主管部门的有关部署，组建专门的应急组织机构，制定或完善本片区安全应急计划，负责本片区的各项应急响应等相关工作。

6.1.3 图纸内容要求

图纸内容主要是用图像表达现状和规划设计内容，环境园详细规划图集宜包括以下20个方面，内容如下：

（1）区域关系图；

（2）用地地籍图；

（3）土地利用现状图；

（4）道路交通现状图；

（5）土地利用规划图；

（6）城市设计引导图；

（7）地块划分编号图；

（8）地下空间规划图；

（9）公共配套设施规划图；

（10）道路交通规划图；

（11）道路竖向规划图；

（12）开发强度控制图；

（13）地名规划图；

（14）海绵体系布局图；

（15）给水工程规划图；

（16）污水工程规划图；

（17）雨水工程规划图；

（18）电力工程规划图；

（19）通信工程规划图；

（20）燃气工程规划图。

6.1.4　说明书内容要求

规划说明书是编制规划文本的技术支撑文件，规划说明书的主要内容包含分析现状、论证规划意图、解释规划文本等内容，为详细规划的编制以及规划审批和管理实施提供全面的技术依据。其主要内容包括：

（1）前言：阐明规划编制的背景及主要过程。包括任务的接受委托、编制的整个过程、方案论证、公开展示、修改和审批全过程等。

（2）现状概况与分析：分析和论证规划区的现状环境，阐明环境状况的优劣和建设规模的大小，并对规划区建设条件进行分析，在各类分析的基础上，给出用地适应性综合评价结果。

（3）规划目标：对环境园发展前景作出分析、预测，在此基础上提出近、中、远期发展目标。

（4）环境园的发展模式：在编写环境园发展规模时，需要对环境园的发展历程进行剖析，对未来发展进行研判，阐述说明功能体系、空间组织模式和产业发展形态。

（5）用地布局：通过用地布局影响因素的分析，匹配固废处理设施项目；基于入园固废来源区及规模预测，确定园区内的产业规模和结构，从而形成合理的规划结构，进行用地规划。

（6）去工业化设计：在满足环境园功能要求的基础上，提出城市设计总体构思和整体结构框架，补充、完善和深化上一层次城市设计要求。根据环境园内的功能特征、空间特点，对环境景观、建筑形态等要素提出控制、引导的原则和措施。

（7）地块控制：根据《城市用地分类与规划建设用地标准》GB 50137—2011划分地块，明确细分后各类用地的布局与规模。在分析论证的基础上，对土地分类和土地使用兼容性控制的原则和措施进行说明，合理确定地块的控制指标。

（8）人口规模及开发强度控制：结合环保产业定位及发展规模，并考虑场地条件，综合测算确定总体开发规模及各功能区的开发规模；再根据人均用地指标法、就业密度人口预测法等多种方法综合确定人口规模。

（9）公共配套设施规划：根据功能分区、人口规模测算，确定各类公共配套设施的布局和用地规模。

（10）道路交通规划：梳理对外交通的关系及保护控制要求，确定规划道路功能构成及等级划分，明确道路技术标准、红线位置、道路断面等。

（11）地下空间规划：从城市角度整体考虑地下空间体系，将地下停车、公共服务、市政设施等需求进行整合，系统地制定核心区地下空间开发策略、开发利用战略和规划方案。

（12）竖向规划：根据防洪（潮）标准推算场地最低安全标高，以满足市政管线敷设要求、场地与道路自然衔接及城市设计需要为基础，综合影响因素和各方意见，进行方案设计与优化完善。

（13）市政工程规划：包括给水工程规划、污水工程规划、雨水及防洪工程规划、电力工程规划、通信工程规划、燃气工程规划、环卫工程规划。

（14）自然生态保护及绿地系统规划：通过对自然生态环境进行先决性保护，根据自然生态环境的承载能力和特征反向约束开发，制定自然生态保护策略和绿地系统规划。

（15）海绵城市建设规划：制定海绵城市建设目标指标，并对环境园的用地控制指标提出针对性的海绵城市建设策略。

（16）环境保护规划：明确生态环境保护目标，制定各类污染物排放控制标准，并提出环境保护与治理措施。

（17）开发时序与规划实施建议：考虑项目开发时面临的城镇开发边界调整、基本农田调整和土地整备等诸多实施难点，提出近期目标、中期目标和远期目标建设，明确各阶段的目标指向、重点任务和约束条件。

（18）附件：项目过程中的部门反馈意见及答复情况、专家评审会意见等项目相关文件。

第 3 部分

实践案例篇

第7章 分散式（郊野型）环境园规划案例

7.1 深圳市坪山环境园详细规划案例

7.1.1 基本情况

1. 区域位置

坪山环境园位于深圳市东部工业组团东端，西起大外环高速路，东、北两面与惠州惠阳区相邻，南为马峦山脉的生态林地。

本次规划的范围为：南起田头山北麓下，西至规划的外环高速（上部分）、新面-新联路（下部分），北至淡水河南岸，东与惠州惠阳区接壤，规划控制范围总用地面积约500hm²。

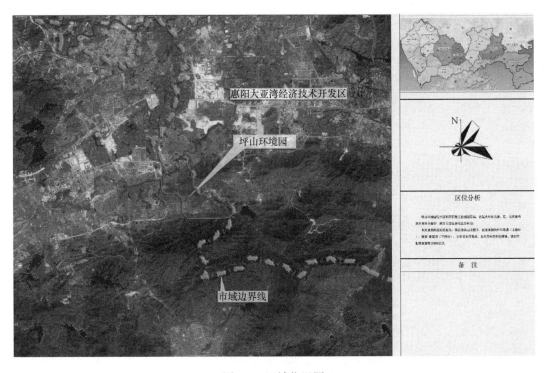

图 7-1　区域位置图

2. 自然状况

规划区地处深圳市东部丘陵谷地盆地地貌带，以丘陵、谷地、盆地地貌类型为主，整体呈"L"形，属南亚热带湿润性季风气候，光热充足，雨量充沛；南部、东部为自然山体；西北部基本为耕地、园地、自然湿地、池塘等。整体地势呈东南部高，西北部低。规划区内有坪山河及其支流石溪河，地质情况良好，为各类建筑适宜区。规划区内除小部分建设用地外，其余均为自然山体、河流、自然湿地和菜地、果园等农业用地，较好地保留了自然地形地貌及自然生态环境。

3. 规划背景

（1）相关上位规划已编制完成，按照上位规划要求，全市需要建设四座环境园，其中东部地区的环境园即为坪山环境园，建成后将承担龙岗中心组团、东部工业组团和东部生态组团的城市固体废物处理处置功能。

（2）深圳东部地区急需在坪山环境园内建设一批环卫设施，以满足城市发展的需要。

（3）在毗邻惠州的区域建设大量环卫设施，迫切需要在多方协调的基础上，对环境园进行系统规划、科学管理，以实现与周边地区和谐相处。

（4）《珠三角区域改革发展规划纲要》中提出区域"基础设施共享"，这为坪山环境园规划建设与惠州的区域协调搭建了沟通平台，有利于项目实施。

（5）响应发展循环经济要求，运用循环经济理论实现城市垃圾全过程管理目标，贯彻减量化、再利用、再循环原则（即 3R 原则），已成为现代城市垃圾管理的发展趋势。

4. 规划任务

规划总用地面积约 500hm²，按照 2009～2020 年的规划年限，在 500hm² 总用地面积布置各种垃圾处理及相关设施，从而达到协调矛盾、落实用地、合理布局设施、促进园区内外和谐的规划目的。

5. 规划内容

《城市环境卫生设施规划标准》GB/T 50337—2018 规定："在详细规划中应确定各类环卫设施的种类、等级、数量、用地和建筑面积、定点位置等内容，满足环卫车辆通道要求。"本次规划的重要内容包括：入园项目选择、特性分析、规模预测、模式确定、规划布局与重点片区意向。

7.1.2 规划要点

1. 基本认识

（1）环卫设施建设成就斐然。

（2）垃圾产生量巨大，增长速度快。

（3）城市垃圾处理设施运营管理水平良莠不齐。

（4）城市垃圾处理设施管理体制机制须完善。

（5）城市垃圾处理能力不足，未能全量无害化处理。

（6）城市垃圾处理设施选址、规划和建设难度大。

（7）城市垃圾处理配套政策法规不完善，制约城市垃圾管理水平的整体提升。

2. 规划定位

在梳理和协调已有规划成果的相互关系、整合资源的基础上，认为坪山环境园规划最重要之处在于强调规划的专业性与系统性，在技术层面解决环卫设施的落地问题，做好环境园的净化、美化和优化工作，实现环境园与城市的和谐共处。

3. 园区定位

（1）深圳市重要的综合垃圾处理基地。

（2）深圳市重要的循环经济示范园区。

（3）深圳市重要的环卫科教示范基地。

（4）深惠合作的重要平台之一。

4. 规划目标

以"建设先锋城市的先锋园区"为导向，将坪山环境园打造成生态安全型、循环经济型、资源节约型、环境友好型、景观优美型的环卫公园，成为引领国内环卫设施布局与环卫科技发展的示范区和样本区，并将成为具有示范带动效应的集环卫、生态环保技术研发、实验、教育、科普为一体的环卫新中心、科技新高地、旅游新热点。

5. 规划原则

（1）环保优先原则

作为环保项目，必须首先实现园区内的环保，科学规划布局，采用先进工艺，尽可能降低或消除对园区外的影响，实现环境园与城市的和谐共处。

（2）循环经济原则

贯彻减量化、再利用、再循环原则，合理选择各种废弃物的处理工艺，科学安排各项处理设施的空间布局，注重废弃物的回收与循环利用，有利于提高资源利用效率，延长场站使用年限；有利于生态环境保护。

（3）综合协调原则

一方面处于深圳市和惠州市交界，须做好市际协调；另一方面作为"厌恶型"设施集中布置区须做好与所在地政府、附近居民之间的协调；需要做好与水源保护区的协调。

（4）弹性控制原则

用地要考虑近远期不同阶段的设施容量与用地规模，留足弹性。根据城市不同发展阶段的环保目标，结合技术进步，确定各设施的控制指标要求。

（5）系统推进原则

环境园作为一个垃圾处理产业链，必须在整体规划的基础上，系统推进各个处理设施建设，确保园区的可持续发展。

6. 项目选择

项目选择将在落实上层次规划及相关专项规划内容的基础上，增加相应的配套设施，按照循环经济型垃圾处理模式，配建相关资源化、减量化设施的同时，根据环卫发展需要配套建设相关设施。

7. 规模预测

（1）垃圾产生量预测

1）预测原则

确保垃圾处理设施在所承担处理的垃圾量的基础上，有合理的余量，以确保设施安全平稳运行，并考虑设施的设计规范要求，确定合理的处理规模。

2）预测方法

首先采用平均增长法预测垃圾产生量，其次通过人均指标法线性回归分析对预测结果进行检验，增强预测的准确性。

（2）用地规模预测

1）预测原则

以国家标准为依据，以国内外先进案例类比为参考，并结合深圳实际，尽可能取用地标准和类比案例的低限，充分节约用地，同时须考虑片区的长远发展，给予足够的弹性。

2）预测方法

主要方法为依据国家相关标准法、国内外先进案例类比法和综合权衡法。

（3）预测结果

综合以上分析，得出城市垃圾设施处理、用地规模如表 7-1 所示。

坪山环境园各垃圾处理设施设计规模及占地规模预测一览表　　表 7-1

序号	项目名称		设施设计处理规模（t/d）	占地面积（hm²）	
			2020 年	2020 年	远期扩展
1	坪山垃圾焚烧发电厂		5000	15.00	15.00
2	坪山餐厨垃圾处理厂		1250	1.00	1.00
3	坪山建筑垃圾综合利用厂		3000	8.00	8.00
4	坪山大件垃圾处理厂		100	5.00	5.00
5	坪山污泥处理厂		1600	5.50	5.50
6	坪山飞灰处理厂		220	1.00	1.50
7	坪山粪渣处理厂		110	3.00	3.00
8	坪山垃圾填埋厂		—	60.00	60.00
	其中	焚烧灰渣填埋区	—	45.00	45.00
		危险废物填埋区	—	9.00	9.00
		临时填埋区	—	3.00	3.00
		渗滤液处理区	—	3.00	3.00
9	其他相关配套		—	9.80	9.80
	其中	环卫宿舍	—	1.50	1.50
		办公	—	5.10	5.10
		科研教育	—	5.10	5.10
		垃圾分选	—	1.00	2.00
		洗车场	—	0.50	0.50
		垃圾车停车场	—	1.00	1.00
		综合制砖厂	—	0.80	0.80
10	合计		11380　12380	108.30	117.80

8. 技术路线

如图 7-2 所示。

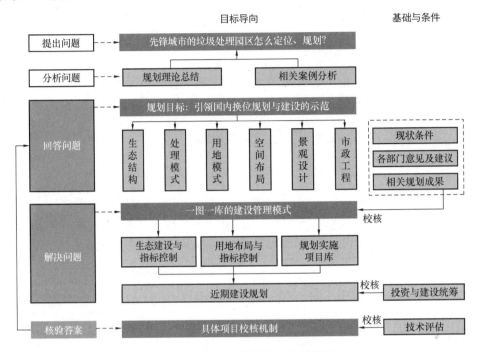

图 7-2　坪山环境园规划技术路线图

7.1.3　成果内容

1. 规划与布局

（1）生态安全格局

规划区内北部天然次生林用地-中部大岭鼓、锅笃窝、布狗岩－南部田头山的生态安全相对较高，敏感性较低，是区内的纵向景观骨架；西北部规划区外坪山河湿地与中部石溪河湿地连通，生态安全性一般，敏感性较高，构成规划区的横向景观骨架。一纵一横景观骨架构成了园区基本结构。

在基本结构的基础上，规划区可形成"一轴一带双核双肺三组团"的生态安全格局（图 7-3）。

一轴：石溪河及其两岸 10～30m 的用地范围，与横向安全骨架一致。

一带：北部天然次生林用地-中部大岭鼓、锅笃窝、布狗岩-南部田头山的带状用地，与纵向安全骨架一致。

双核：为规划区内的关键节点，其中一个节点为"轴"与"带"交会的区域，即石溪河上游，河流湿地景观优美，两岸山体翠绿，可保护性开发建设游赏性公园，提升园区空间节点功能；另外一个节点为"带"上连接南北的关键区域，可通过建设人工湖、广场等适当增加人工绿化，修复节点生态功能。

双肺：为规划区内的区域绿地，其中之一为中部大岭鼓、锅笃窝、布狗岩等山体，另

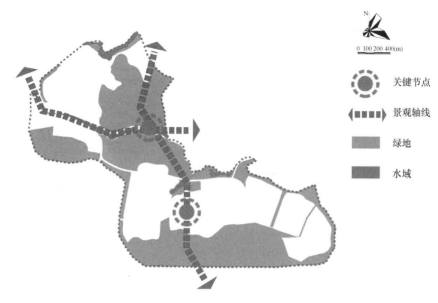

图例

○ 关键节点

◀┅┅┅ 景观轴线

▬ 绿地

▬ 水域

图 7-3　生态安全格局图

外一个为南部田头山系山体，可采用乡土观赏与大气修复吸附树种，营造具有南亚热带特色多层次的立体景观，发挥水源涵养、净化环境的功能。

三组团：除"轴""带""核""肺"外的用地，即规划区内北部、东南、西南的用地，可集中布置环卫处理设施。

（2）功能分区

依据园区总体工艺组织及设施布局分区原则，结合园区的地形地貌特征及基底条件、生态安全格局、各设施布局分区的规模与工艺要求，确定坪山环境园方案的功能区布局及内容，将整个园区的可用土地分为四个功能区，依次为：

1）综合处理区：该区负责入园的生活垃圾（包括工业垃圾）、餐厨垃圾、城市粪渣、废旧家具、市政污泥、焚烧飞灰的处理。将新建垃圾焚烧设施、污泥干化设施、废旧家具分选破碎设施、餐厨垃圾预处理设施、城市粪渣预处理设施、厌氧消化设施，进行合理调配并充分利用各处理设施之间的副产品。综合处理区内设置有环卫车辆停车场、洗车场等配套设施。

2）填埋处置区：用于焚烧底渣、焚烧飞灰、沉淀池底泥等的最终填埋处置，也考虑用作生活垃圾焚烧车间设备检修时生活垃圾的临时填埋处所。填埋处置区位于整个坪山环境园内最偏僻的位置，因而对附近生产生活的影响较小。填埋处置区内设置渗滤液处理站，用于填埋处置区所产渗滤液的处理。

3）静脉产业区：用于建设静脉产业类设施。本书推荐在第一批建设项目中增加建筑垃圾、焚烧底渣综合利用生产线，以资源化处理建筑垃圾以及焚烧底渣。在综合利用生产线未建成投产之前，建议暂时禁止建筑垃圾进入园区填埋处置。

4）办公、科研、生活区：用于建设办公楼、环境宣传教育楼、科研楼、员工宿舍楼等配套设施。

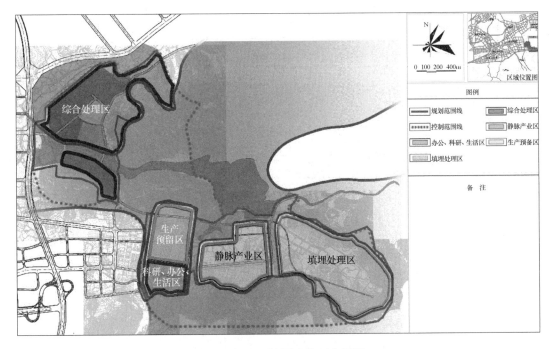

图 7-4 坪山环境园功能区布局图

（3）规划结构

充分发挥坪山环境园区及周边地区的自然资源优势，结合功能区布局和总体工艺流程，以自然山体为生态背景，以绿楔、水道、绿带为生态廊道，形成"一带、二点、二轴、三廊、五区"的规划结构模式。

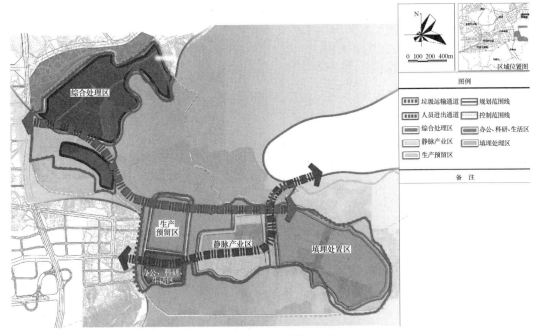

图 7-5 坪山环境园规划结构图

　　1）一带：为自然生态绿带，坪山河湿地、石溪河湿地以及沿岸生态绿地共同组成了一条东西向贯穿环境园的滨水景观绿带。

　　2）二点：为打造环境园内部的优美环境，结合自然条件规划两大景观节点。

　　3）二轴：包括垃圾处理运输轴与景观交通轴。

　　4）三廊：为规划区北、中部与南部的生态联系通廊。

　　5）五区：分别为环境园办公、科研及生活功能区、垃圾综合处理功能区、静脉产业功能区、填埋处置功能区、生产预留区。

　　（4）土地利用规划

　　规划区用地主要为：道路广场用地、市政设施用地、绿地、水域和其他非城市建设用地 4 类，其中：规划道路广场用地面积 20.74hm²，占规划总建设用地的 10.50％；规划市政公用设施用地面积 137.75hm²，占规划总建设用地的 69.77％；规划绿地面积 20.74hm²，占规划总建设用地的 10.50％；规划水域和其他非城市建设用地面积 302.57hm²，占规划总用地的 60.51％（表 7-2、表 7-3、图 7-6）。

规划用地汇总表　　　　　　　　　　　　　　　　表 7-2

序号	用地名称		用地面积（hm²）	用地比例（％）
1	规划总用地		500.00	100.00
2	城市建设用地		197.43	39.49
3	水域和其他非城市建设用地		305.17	60.51
	其中	水域（E1）	7.38	1.48
		林地（E4）	238.58	47.72
		生产预留用地（E9）	56.61	15.7

建设用地平衡表　　　　　　　　　　　　　　　　表 7-3

序号	用地性质		用地代码	用地面积（hm²）	比例（％）
1	居住用地		R	1.68	0.85
	其中	三类居住用地	R3	1.68	0.85
2	政府社团用地		GIC	5.42	5.35
	其中	行政办公设施用地	GIC1	5.23	6.1
		教育科研设施用地	GIC5	5.39	1.41
3	市政公用设施用地		U	137.75	69.77
	其中	洗车场用地	U27	0.79	0.40
		其他交通设施用地	U28	1.04	0.53
		污水处理厂用地	U51	29.14	11.82
		粪渣处理用地	UA3	3.72	1.88
		焚烧底渣填埋用地	UA4	50.18	25.42
		危险废物填埋用地	UC3	8.81	4.46
		生活垃圾焚烧用地	UA5	16.42	8.32
		其他生活垃圾处理用地	UA7	3.89	1.97
		弃料及其他废弃物处理用地	UB2	12.2	6.18
		工业危险废弃物处理用地	UC2	12.16	6.16
		污水污泥用地	UD1	5.20	5.23

序号	用地性质		用地代码	用地面积 （hm²）	比例 （%）
4	道路广场用地		S	20.74	10.50
	其中	其他道路用地	S15	18.14	9.19
		广场用地	S2	5.20	5.8
5	绿地		G	31.84	16.13
	其中	公共绿地	G1	20.00	10.13
		生产防护绿地	G2	11.84	6.00
6	总计			197.43	100

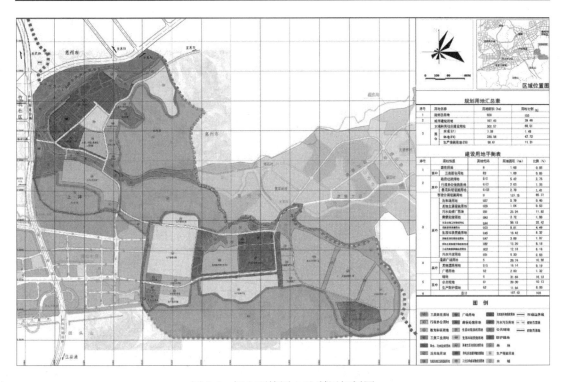

图7-6 坪山环境园土地利用规划图

2. 优化环境园用地分类与标准

在项目编制及推进过程中，在尊重国家和地方标准及规范的前提下，结合坪山环境园详细规划推进过程中所面临的实际情况，创新性地提出并编制了环境园用地分类与标准体系，在指导本规划工作推进的同时，为今后环境园规划编制提供了依据和参考。

3. 构建环境园工作路径和规划体系

通过先进案例借鉴、设施特性分析、契合深圳实际的处理模式选择、工艺流程组织，结合坪山环境园基地及周边现状、规划情况，功能分区明确，有整体工艺流程与各类设施工艺流程，依托自然条件及工艺流程，组织起环节流畅、空间密切联系的功能区关系，且充分尊重地形地貌，并考虑生态安全格局影响，出入口设置明确，并针对园区规划处理垃坡量较大的情况，建议了专用垃圾运输通道；通过规划课题的深入研究，自行建立环境园的具体设施用地分类建议，编制环境园用地分类与标准，为后续环境园及相关规划的编制提供了示范和参考。

划分垃圾处理功能区，构建生态安全格局，进行土地利用规划和处理设施的系统布局；并对布局方案进行环境影响评价，根据评价结果调整方案、优化布局；再按照"景观优美型"目标，深化景观环境设计，提升景观环境品质，完善布局及设计方案；接着对最终规划方案制定针对性的污染防治措施、风险控制策略与措施、用地控制与开发计划，实施保障策略与措施等，确保规划方案最优、可操作性最强。

7.1.4 实施效果

1. 环境园规划技术标准研究的优化与实施

优化了《环境园用地分类与标准》体系，主要包括环卫设施用地性质细分标准和特殊的设施用地使用色块标准，一定程度上填补了相关领域的空白。其科学性和规范性，及在实际规划项目中的适用性及可操作性，已作为内容补充纳入《深圳市城市规划标准与准则》，为今后环境园项目的开展提供规范准则与技术支撑，并且本规划成果作为规划样本在深圳市予以推广，打造环境园项目标杆。

2. 行业认可与学术影响收获

以本项目为依托，相关研究在核心期刊发表文章两篇，得到国内外专家与学者的高度评价，分别发表于《城市规划学刊》的《城市重大环卫工程规划实施综合风险评估研究》及《规划师》的《环境园详细规划编制探讨》。

3. 高起点规划、高标准建设、高水平运行

通过科学规划设计，环境园内各项目所采用的工艺有机连接起来，构成相辅相成的工艺链，使园区形成一个资源循环再生利用的有机整体，真正实现节能减排，从而实现城市的绿色低碳可持续发展。园区内每个项目均采用成熟先进的工艺技术，避免了二次污染，整个环境园实现了无烟、无臭、无味，打造成花园式、园林般的环保公园，破解"邻避效应"，变"邻避"为"邻利"。

4. 规划落实情况

环境园内上洋污水处理厂一期、二期已建成，共占地 10.71hm²，该污水处理厂主要担负大工业区的污水处理任务，大工业区污水经沿坪山河敷设的截污干管输送至该污水厂处理，采用氧化沟处理工艺的污水处理规模为 20 万 t/d（图 7-7）。

环境园内上洋污泥处理厂一期、二期已建成，共占地 2.80hm²，集中处理龙岗河—坪山河流域片区、盐田—大鹏半岛片区的污水处理厂污泥以及深圳河湾—珠江口片区的滨河、罗芳、草埔、沙湾、埔地吓等污水处理厂污泥，采用半干化焚烧处理工艺，其污泥处理规模为 800t/d（图 7-8）。

坪山环境园周边城市界面良好，现已建成深圳技术大学、深圳第三职业技术学校、深圳高级中学东校区小学部初中部等学校，同时有大量高层住宅建成或在建，且坪山湿地公园紧邻坪山环境园。

图 7-7　上洋污水处理厂航拍图

图 7-8　上洋污泥处理厂航拍图

第 8 章　集中式（都市型）环境园规划案例

8.1　深圳市郁南环境园规划案例

8.1.1　基础情况

1. 现状概况

郁南环境园位于深圳市中部综合组图与中部物流组团的交接地带，行政范围上属于龙岗区布吉街道与坂田街道交界地区，原为废弃石场，规划总面积约 150hm² （图 8-1）。现状位于谷地之中，周围三面环山，东侧又有城市快速路相隔离，园区位置相对封闭，受外界影响小，周围居住区相距较远，有利于垃圾处理设施的布置与建设。园区内现有的主要环卫设施分别是市卫生处理厂、郁南粪渣处理厂，由于现有的垃圾处理设施是单独建设，曾分属三个不同的部门，分别设有各自的管理用地，而且各设施之间也只考虑内部独立运行，没有较好地考虑与其他设施在用地空间上的联系，造成了严重的土地浪费。

图 8-1　规划区位图

2. 规划诉求

（1）满足经济发展需要，解决垃圾处理问题

随着社会经济的快速发展，深圳市的垃圾产生量由1978年的50t/d迅速增长到2014年的14300t/d，预计到2020年将达到18000t/d。因此，虽然多年来深圳市建设了一批全国领先的生活垃圾无害化处理设施，但总的无害化处理能力仅为13000t/d，其中焚烧处理能力仅为7125t/d，处理设施存在一定的缺口，难以实现住房和城乡建设部要求在2015年底以前全市生活垃圾无害化处理率达到100％的水平。

（2）落实上位规划要求，建设垃圾处理综合场地

城市管理专项规划中明确提出要以环境园为载体，构建现代化集约式的垃圾处理系统。精心打造技术先进、环境友好的集约式、公园式垃圾处理综合基地——环境园。

这表明环境园是城市管理工作的基本手段，这也是郁南环境产业园规划编制的必要性所在。

（3）完善郁南环境产业园功能布局

近年来，市城管局陆续在郁南环境园内建成了市卫生处理厂、郁南粪渣处理厂、水径余泥渣土受纳场等设施。但随着社会经济发展出现的新型垃圾，如餐厨垃圾、大件垃圾、园林树枝垃圾、废弃海产品、海水淡化污泥等，需要不断建设新型的环卫设施，同时需要对环境园内的功能进行统筹布局，提高垃圾处理综合能力，完善全市的垃圾处理体系。

（4）提升园区知名度，打造示范性科普环保公园

郁南环境园建设采用的标准较高，且成立了统一的园区管理机构——深圳市城市废物处置中心。在严格的管理下，郁南环境园同其他的垃圾处理基地相比呈现了截然不同的面貌，园内不脏不臭、环境优美，不仅甩掉了垃圾场以往"脏乱差""恶臭"的帽子，凭借良好的环境质量与周边社区的居民和谐共处，还意外吸引了不少驱车经过清平高速的市民"误入"园区寻找度假基地。提升园区知名度，打造示范性科普环保公园是园区和周边市民共同的诉求。

8.1.2 规划要点

1. 严格落实循环经济理念，优化用地功能布局

严格落实循环经济的理念，以进入园区的废弃物类型，确定郁南环境园的总工艺流程，该工艺流程须充分考虑副产品的合理循环利用。在理想的状态下，郁南环境园的输出物流为沼气、渣、有机肥、纸、木、塑、金、橡胶、玻璃以及再生建材等达标排放的水、烟气及各类再生资源，均可回用于城市发展所需。综合考虑各类垃圾处理设施的处理流程，统筹考虑园区用地功能布局。

2. 强化特色项目策划，打造环境友好的环卫文化公园

根据郁南环境园内的现状地形特点和处理设施的特征，分别策划针对性项目，打造三大个性化景观片区。自然生态景观片区位于园区西部，沿山脊线起伏自北向南有四个主要游览点：茶水居、观景台、望远亭与碧峰亭。休闲游憩片区位于园区东侧，策划项目由滑草场、儿童活动区、休闲水道等组成，地势较为平整，是开展休闲体育运动最为理想的区

块，集自然休闲养生、体育活动和生态健身为一体。设计突出运动休闲的特色，将绿色景观与运动、趣味有效地结合起来，在绿色中创造了个性突出、设施齐全、功能完备、环境优美的公众活动区。环保文化片区位于园区中部，由滨水广场、垃圾处理示范区、环保小剧场、采石遗址等组成。由于郁南环境园的功能定位是环保产业基地，因此，垃圾示范处理区是展现其先进垃圾处理技术水平的最佳平台，同时也承担着环保宣传教育的职能。

8.1.3　成果内容

《深圳市郁南环境园详细规划》是针对郁南环境园内功能布局、用地安排的专项规划，规划成果包括说明书和图集两部分。规划成果核心内容包括以下几个部分：

1. 园区定位与规划目标

（1）园区定位

1）定位为国际先进国内领先的低碳生态环境友好型环卫基地。

2）全国第一座现代化环保文化公园、广东省环保教育示范基地、深圳市环保教育示范基地。

3）华南地区固废处理技术研发院士基地与工程中心。

4）广东省生态文明建设示范基地。

5）深圳市"创建低碳生态示范市"示范基地、深圳市低冲击开发及再生水利用示范项目、深圳市中小学生环保教育第二课堂、深圳市生活垃圾分类收集处理宣教中心、广东省环保教育示范基地。

（2）规划目标

将郁南环境园建设成深圳市全市的环卫行业的样本园区、示范园区，拥有一流的景观风貌，一流的处理水平与管理水准，集文化旅游、环卫科普教育及体验、环保科技研发为一体的综合性环卫公园。

2. 项目选择与规模预测

（1）项目选择

项目选择主要是在落实相关规划内容的基础上，增加相应的配套设施，并按照循环经济型处理工艺需要，配建相关资源化、减量化设施，结合环卫发展需要配套建设相关设施。

（2）规模预测

规模预测包括垃圾产生量预测和用地规模预测两个部分，垃圾产生量预测按各类垃圾的基本特性，分类进行垃圾量预测。用地规模预测主要根据各类垃圾产生量，以国家标准为依据，以国内外先进案例类比为参考，并结合深圳实际，尽可能取用地标准和类比案例的低限，以满足深圳节约集约用地的要求。

3. 处理模式与规划布局

（1）模式选择

结合不同环卫设施的处理特性，分别选择不同的处理模式，如卫生处理厂按照夹道式高温灭菌—脱水反应釜、物料破碎和密闭的送料系统模式进行处理；餐厨垃圾及城市粪渣处理则选择餐厨垃圾厌氧消化和制作饲料的处理模式；再生水回用处理是园区生活污水、生产废水二级处理后的深度处理工艺，综合采用过滤（砂滤等）—深度氧化（膜生物反应器、高级氧化等）—消毒工艺，使再生水达到景观用水、绿化用水水质要求，最终实现园区内水循环。

（2）规划布局

根据郁南环境园的基地条件，同时依据项目的提升方向与远景设想，将整个园区的可用土地分为八大功能区，依次为综合处理区、综合利用区、安全防疫区、办公区、科研示范区、宣教文化区、生态休闲区，以及发展备用区（图 8-2）。

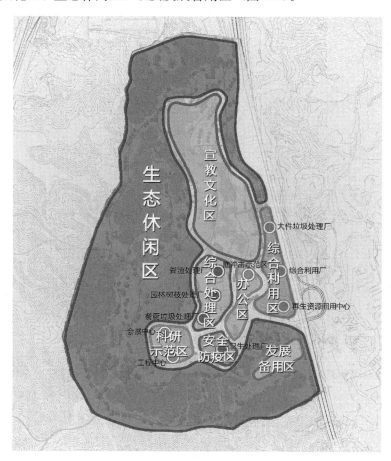

图 8-2　郁南环境园规划结构图

4. 景观构建与特色打造

（1）景观构建

郁南环境园的功能结构可以概括为一带、两轴、三片、九心。

一带：以宣传教育为主要功能的环保文化带。

两轴：分别指由园区西侧山脉形成的自然生态景观轴、园区东侧的休闲游憩轴。

三片：三个各具特点的功能片区，即自然生态景观片区，结合园区西侧山地形成山地公园，结合区域五号绿道，形成慢行道路系统。休闲游憩片区，位于地势较为平整的东侧，是开展体育休闲运动的最佳场所，能够最大程度地方便市民需求。环保文化片区，位于园区南侧，是垃圾处理示范区以及环保宣传教育基地。

九心：九个各具特色的景观节点，即滨水广场、环保文化走廊、酷尚游乐设施、童趣园、茶水居、观景台、碧峰亭、采石遗址、环保小剧场。

（2）特色打造

主要景观轴线为园区西部沿山脊线形成的自然生态景观轴，次要景观轴线为南北向的空间景观轴线，园区南部还形成了环保文化带。整个景区分为西侧的自然景观空间和东侧的人文景观空间，西侧景观核心为观景台、望远亭（图8-3）。同时，西侧楔形的绿化是景区内外景观渗透的主要廊道。

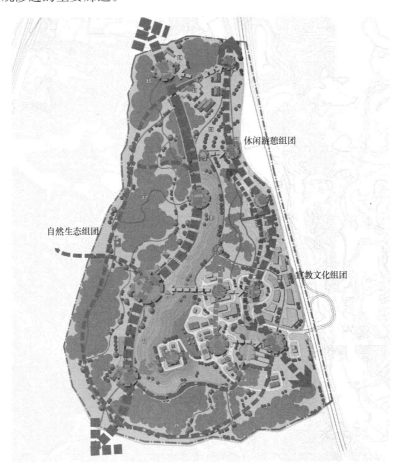

图 8-3　郁南环境园景观结构图

8.1.4　实施效果

1. 已按规划要求，高标准落实相关环卫处理设施项目

根据规划，2017 年 5 月在深圳市郁南环境园建成深圳市城市生物质垃圾处置项目，将餐厨垃圾、城市污泥经过两相厌氧系统（包括酸化厌氧、产沼厌氧）处理，产生的沼气用于发电上网，实现了生物质垃圾的"无害化、减量化和资源化"，成为城市生物质垃圾资源化利用和无害化处理系统推广的成功范例（图8-4）。

图 8-4　深圳市城市生物质垃圾处置项目①

2. 有效指导了深圳市环保教育宣传示范基地的建设

　　园区的环境教育活动以环卫设施为载体，集固体废物无害化处置、资源再生利用、技术研发和低碳环保文化于一身，让更多市民近距离了解固体废物处置的技术和污染防治措施，消除对垃圾处理设施的排斥和疑虑。其已成为深圳市重要的环保教育示范基地，多次接待全国各地环保工作者、市有关领导、普通市民、学生及志愿者进行参观（图 8-5）。

图 8-5　深圳大学与郁南环境园合作线上实习②

---

① 来源：http://www.sz-lisai.com/help/2020102817481540.html.
② 来源：http://cgj.sz.gov.cn/zwgk/gzdt/content/post_7806061.html.

第 9 章　混合式（综合型）环境园规划案例

9.1　《深汕特别合作区环保科技产业园详细规划》

9.1.1　基本情况

1. 现状概况

深汕特别合作区位于广东省东南部，汕尾市海丰县西部，西、北部与惠州市惠东县接壤，南临红海湾，处于广惠高速、深汕高速、324 国道厦深铁路交会点（图 9-1）。合作区规划范围包括海丰县鹅埠、小漠、鲘门、赤石四镇，总面积 468.3km²，可建设用地 145km²，海岸线长 42.5km，目前总人口 7.3 万人，区内常住人口为 7.1 万人，人口密度每平方公里仅 161 人，土地开发潜力巨大。

规划深汕生态环境科技产业园位于深汕合作区鹅埠镇西南部，距小漠港约 6km，位于 G15 沈海高速南偏西方向，北部边界为深惠汕高铁，包括西南村、西湖村等村落，规

图 9-1　区域位置图

165

划面积为 5.90km²。园区北部为现状深汕高速、西部规划有河惠汕高速公路和通港大道，对外交通条件便利。

2. 自然条件

深汕环境园地处粤东山区，地势北高南低，北部为山脉，南部为红海湾畔，背山面海，以丘陵和台地为主，整体地形为 V 字形山谷地形，现状九度水从规划区中部穿过，内部还有多条支流和水塘，规划区西部有小型水库——锡坑水库（图 9-2～图 9-13、表 9-1）。

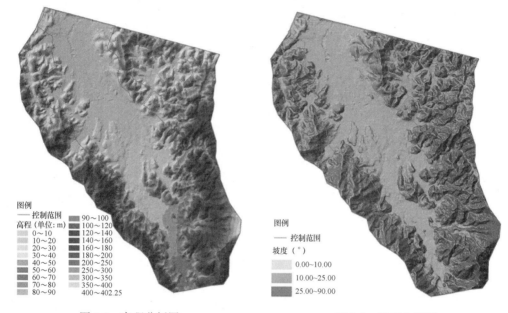

图 9-2 高程分析图

图 9-3 坡度分析图

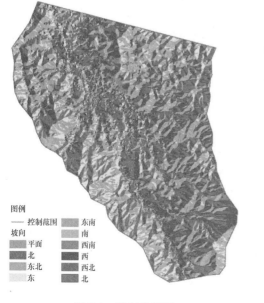

图 9-4 坡向分析图

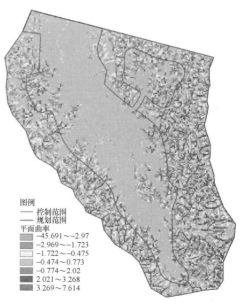

图 9-5 平面曲率分析图

166

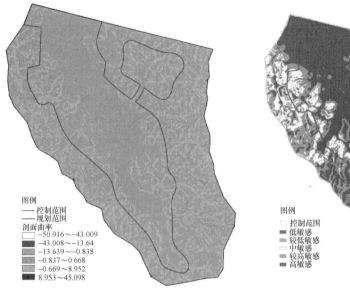

图例
—— 控制范围
—— 规划范围
剖面曲率
- □ −50.916~−43.009
- ■ −43.008~−13.64
- ■ −13.639~−0.838
- ■ −0.837~0.668
- ■ −0.669~8.952
- ■ 8.953~45.098

图 9-6　剖面曲率分析图

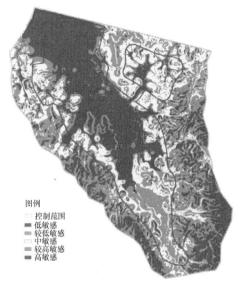

图例
□ 控制范围
■ 低敏感
■ 较低敏感
□ 中敏感
■ 较高敏感
■ 高敏感

图 9-7　地质敏感性分析图

图 9-8　水系保护因子

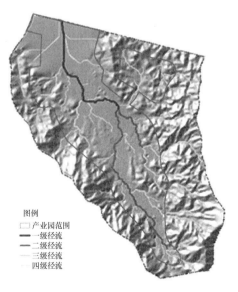

图例
□ 产业园范围
— 一级径流
— 二级径流
— 三级径流
— 四级径流

图 9-9　汇水路径分析

图 9-10　现状水库及坑塘图

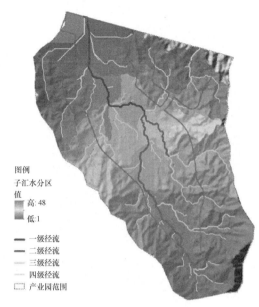

图 9-11　汇水流域分析图

图 9-12　低洼易涝区分析图

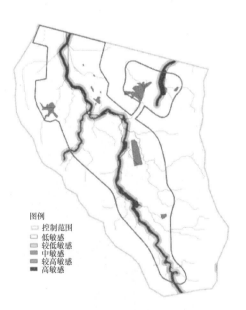

图 9-13　综合水文敏感性分析图

水敏感性评价表 表 9-1

水敏感因子	高敏感	较高敏感	中敏感	较低敏感	低敏感
山区径流模拟分析	径流范围外	—	—	—	径流范围内
水系保护	河道线范围 >50m	河道线范围 20～50m	河道线范围 10～20m	河道线范围 <10m	河道范围内
湖泊洼地保护	水域外	—	—	—	水域范围内
易涝区	高风险区	—	低风险区	—	—

3. 规划背景

（1）践行先行示范区要求，建成可持续发展先锋

将产业园建设成体现先行示范区的高质量可持续发展先锋园区，牢固树立和践行"绿水青山就是金山银山"的理念，打造安全高效的生产空间、舒适宜人的游憩空间、碧水蓝天的生态空间，在美丽湾区建设中走在前列，为国内外固废处理提供经验。

（2）贯彻生态文明思想，实现"无废城市"建设蓝图

深圳是快速发展的超大城市，资源环境约束十分突出。废弃物的减量化和资源化利用成果是绿色发展、循环发展的体现，是城市发展和现代化水平的标志，是生态文明建设水平的成果，也是推进社会治理现代化和提高公民素质的一个具体而有力的抓手。

（3）作为试点城市，探索"无废城市"建设路径

深圳入选"无废城市"建设试点城市，注定大力推进源头减量、资源化利用和无害化处置。深圳市拟将"无废城市"试点建设工作列入深化改革开放的重点工作中，并明确指出深汕生态环境科技产业园将作为重要落地项目和示范性项目。同时，"无废城市"也已明确将以"创新、协调、绿色、开放、共享"的新发展理念为引领，通过形成绿色发展方式和生活方式，持续推进固体废物源头减量和资源化利用，最大限度减少填埋量，形成固体废物环境影响最低的城市发展模式与城市管理理念。

（4）承载多重发展使命，落实固废处置高标准要求

深汕生态环境科技产业园承载了地方发展与区域协调的多重使命，将成为首个由深圳市政府主导的全流程式固废处理园区。深汕合作区成立建设领导小组，全面介入该科技产业园的规划与建设工作，领导小组采用全面出发、自上而下的全流程管控方式，由深圳市政府全资建设环境园区。依据《深汕特别合作区生态环境科技产业园概念规划》所确定的"第四代生态环境园、粤港澳大湾区的环保绿谷"目标定位，生态环境科技产业园选址位于鹅埠镇西南村，规划用地为面积 5.90km² 的狭长形地块，目标通过该产业园的开发建设，实现区域与深圳多重战略使命。

9.1.2　规划要点

1. 园区定位

依据广东省、深圳市、深汕合作区的系列政策及上层次规划要求，同时参照深圳市"无废城市"建设试点工作方案内容，深汕生态环境科技产业园将在深圳市固废管理方面，承担起建设高标准、处理综合化、固废零排放的末端处置职能，并以此为依托构建适宜的生态环保产业链，塑造生态环境科技产业发展典范。

在规划定位上，打造全球标杆的第四代生态环境园、粤港澳大湾区的环保绿谷。重点发展环保产业及提供综合生产与生活服务，充分发挥标杆环境园示范引领作用，推动生态环境科技产业园成为深圳固废处理基地，深汕合作区经济的新增长极、区域共享共赢合作模式的新试点、新示范。

2. 规划目标

以环境科技创新为驱动力，抓住深汕生态发展的机遇，塑造全球生态标杆型环保科技

小镇，将深汕生态环境科技产业园建设成为生态先行、资源循环示范园区，与城市共荣共生，成为可持续发展的绿色名片。

（1）产业发展目标

依托环保绿谷的总体定位，园区提出深汕高质量发展的共同增长极、湾区东生态环境产业科技研发与孵化基地、全国生态环境产业高端制造业集聚区、国际知名的生态环境产业集成服务高地与场景中心的产业发展目标，重点打造生态环保、节能制造、环境服务三大产业体系。

（2）生态发展目标

积极面对自然生态对开发建设的正面促进及负面影响，在顺应场地条件、保护整体自然山水格局的同时，利用地方山水资源提升园区的环境景观品质，寻求多种方式提高园区的资源能源使用效率，打造水绿交融、高效节约的生态产业园区。

（3）空间发展目标

回应规划区现状发展基础薄弱、基础设施匮乏的问题，以固废处理、环保产业与人的发展需求为核心，完善园区的基本服务设施配给、组织园区用地功能及相关空间系统，整体上形成组织高效、使用便捷、环境优美，兼具生活、生产与生态的活力产业园区。

3. 规划策略

（1）梳山理水，构建框架：梳理生态发展框架与山水特性。

（2）多元集聚，循环兴产：营造功能复合、基于固废处理的多元化环保产业发展平台。

（3）区域协调，公益回馈：固废设施区域一体化建设，积极融入城市发展序列。

（4）特色营建，活力园区：打造国际一流、新生代环保绿谷。

4. 规划原则

（1）树立标杆

以建设第四代环境园，树立社会主义先行示范区，探索最新的设计理念、最先进的技术工艺及最高的排放控制标准，建设最美的园区环境。

（2）生态环保

1）充分尊重基地原有的自然山水特征，尽量避免、减轻对原有场地自然环境的破坏，最大限度地维持场地原始风貌，因地制宜，建立与自然相耦合的整体空间格局。

2）基于生态本底，在规划理念、设施选择、项目引进、空间布局，以及后续管控等全流程贯彻环保理念。

3）降低产业园区建设及运营中的资源能源消耗，促进废弃资源循环再生，实现资源能源的高效利用与循环利用。

（3）协同联动

为确保环境规划目标的实现，须加强用地、景观、游览、生态、固废、其他配套等多专业、多角度的协同规划，强调内部有机联动，外部整体协调，以及"能量及物流"协作。

（4）产城融合

1）借鉴国内外先进环境园区、城区的发展理念，把园区和城区看作一个良性互动的有机整体，将园区产业体系与城区服务体系在空间中紧密关联，形成园区与城区有机融合，以产促城，以城兴产，实现产城协同发展。

2）重视服务配套与产业的互促发展，依据不同产业的差异化需求，以吸引企业和人才集聚、根植为目标，有针对性地配给相应的生产性和生活性配套服务，并在空间上融合生活、生产与休闲功能，打造一个功能复合、服务完善的环境园区。

3）以激发产业活力和城市活力为导向，强调环境园空间形态的多样性，并尽可能地营造高品质的公共空间、多样的交流场所以及丰富的城区活动体验，培育产业创新氛围。

4）营建产业园突破自身专业限制，积极融入区域发展的前沿平台，科学、合理地构筑契合合作区生态环境科技产业园的生态环保产业，并积极培育，使之成为环境园的重要内涵与绿色名片。

（5）系统共进

遵循固废处理设施之间的流程化要求，按照物质流与能量流的内部关系，科学组织入园项目的空间格局，形成系统化推进，实现综合效益最优。

（6）以人为本

1）准确分析目标人群需求，尽可能提高园区内服务设施配置的宜居性和方便舒适程度，创造有利于全面发展和健康成长的基础和条件。

2）重视人的感官与心理体验，结合使用感受对公共空间进行设计，为人们提供具有多样性、归属感、舒适性、高品质的公共空间。

（7）务实可行

1）以上层次规划和研究为指导，妥善协调规划建设中各种专项规划之间的关系，统筹安排各类已选址设施、项目，合理确定开发建设容量。

2）将能源协同贯穿于整个规划的编制过程中，并有侧重地采取经济分析方法，力争实现整个规划过程的动态评估，以提高规划编制的科学性与适应市场经济的能力，保障产业园建设及运营的可持续性。

3）考虑到园区发展中存在的不可预见因素，规划时应当预留一定的弹性和灵活性，采取控制与引导相结合的方法，以适应不同发展阶段的要求。

5. 项目选择

项目选择将在落实上层次规划及相关专项规划内容的基础上，增加相应的配套设施，按照循环经济型垃圾处理模式，配建相关资源化、减量化设施，并根据环卫发展需要及固废处理需要配套建设相关设施。

6. 规模预测

（1）垃圾产生量预测

1）预测原则

深汕生态环境科技产业园主要承担深圳市固废处理量缺口部分与深汕特别合作区的城市固体废物处理处置功能。同时，基于区域协同及对《珠三角发展纲要》所提出的"区域基础设施共享"原则，本次规划考虑将深汕特别合作区周边地区（黄埔、海丰、吉隆）产生的垃圾纳入环境园处理的可能性。

确保固废处理设施在所承担固废处理量的基础上有合理的余量，以确保设施安全平稳运行，并考虑设施的设计规范要求，确定合理的处理规模。

2）预测方法

首先采用平均增长率法预测垃圾产生量，再通过人均指标法、线性回归分析法等对预测结果进行检验，增强预测的准确性。

（2）用地规模预测

1）预测原则

① 以国家标准为依据，以国内外先进案例类比为参考。

② 结合深圳实际，尽可能取用地标准和类比案例的低限，充分节约用地。

③ 考虑长远发展，给予足够的弹性。

2）预测方法

主要方法包括国家相关标准法、国内外先进案例类比法和综合权衡法。

（3）预测结果

综合以上分析，各固废设施处理规模、用地规模与用地类型如表9-2所示。

深汕生态环境科技产业园各垃圾处理设施设计规模及用地规模预测一览表　　表 9-2

用地类型	用地名称	处理规模		用地需求（万 m²）
生活垃圾处理（UA5）	生活垃圾处理	20878t/d		55
污泥处置（UD1）	污泥处置	6100t/d（60％含水率）		18.3
危险废弃物处理（UC2）	危废＋医废处理（未含安全填埋处置）	合计：75.1 万 t/a		13.2
		其中	近期：45.7 万 t/a	
			远期：29.4 万 t/a	4.3（发展备用）
综合填埋		服务期限折算为 30 年标准年，合计库容：3135 万 m³		
危险废弃物填埋（UC3）	安全填埋	13.4 万 t/a（含需填埋危废、污泥焚烧飞灰和危废医废焚烧灰渣）		83
焚烧灰渣填埋（UA4）	焚烧炉渣填埋	4718t/d（含生活垃圾焚烧飞灰）		
建废与炉渣综合利用（UB2）	建废综合利用	285 万 t/a		8.6
	炉渣利用	2870t/d		2.3
专项垃圾处理（UA7）	餐厨垃圾处理	400t/d		4.1
	大件垃圾处理	500t/d		1.75
	园林垃圾处理	100t/d		0.80
	果蔬垃圾处理	80t/d		0.65
	年花年桔回植	2500t/a		0.75
	卫生处理	80t/d		0.80

用地类型	用地名称	处理规模	用地需求（万 m²）
粪便处理（UA3）	粪渣处理	100t/d	1.5
污水处理（半地下式，地面用地性质为公园绿地）（G1＋U5）	综合污水处理	16 万 m³/d	16
停车场、洗车场用地（U27）	运输停车作业场	543 辆	8
	集装箱堆场	1678 箱	
普通工业用地（M1）	汽车拆解	500～600 辆/d	6
合计（含远期危废电池处理：239.91 万 m²）			219.0135

7. 有机结合产城融合与资源循环

叠加产业科技研发与集群，塑造固废全流程资源循环，改变以往固废处理设施偏在一角、孤立发展的情景，努力创建符合固废协同处理、区域产业集群、国际一流实践要求的全球先行示范标杆园区。

8. 以最严环保标准保障园区品质

对标欧盟、日本、我国香港等环境保护高标准国家和地区，系统研究其烟气和废水排放等技术指标，丰富指标体系，为园区提出全球最严环保标准，并将其纳入园区规划管理指标，为园区实施品质提供重要保障，夯实了"邻避效应"的化解效果。同时将类似园区环保标准纳入园区地块规划管理和出让的技术指标，并制定了地块环保许可导则，作为规划管理和地块出让的技术指标，为园区后期实施的品质以及实现彻底的产城融合提供重要保障。

9. "梳山理水"将自然景观与园区建设有机融合

从城市设计出发，充分利用园区"河绿相间、生态相连、文脉相通"的资源禀赋，规划建设九度水自然生态水廊道，同时构建沟通山、水、园的慢行网络，有机衔接各功能组团和服务中心，实现生产与生态的有机渗透，打磨创意空间，赋能公益回馈，打造共荣共生的示范园区。

10. 以"韧性城市"理念打造智慧园区

以"立足本地，深汕储备"为原则，按照"灾前防御、灾时应急和灾后重建"的全过程理念，系统地构建了包括"灾害防御设施、应急保障基础设施、应急服务设施"等在内的园区安全韧性设施体系，为产业园实现市区应急管理体系和能力的高水平现代化、打造智慧园区、构筑全市安全底色，打牢坚实基础。

9.1.3　成果内容

1. 规划结构

充分发挥深汕生态环境科技产业园区及周边地区的自然资源优势，结合功能区布局和总体工艺流程，以自然山体为生态背景，以绿楔、水道、绿带为生态廊道，形成"一带、两谷、两廊、五区"的规划结构模式（图 9-14）。

（1）一带：以九度水自然生态水廊道以依托，结合沿岸生态绿地，共同组成一条南北向贯穿产业园的滨水景观绿带。

（2）两谷：顺应园区自然山谷地势，借助山谷地形对固废处理设施的天然屏蔽作用，分别构筑创新生态谷及传统静脉谷。

（3）两廊：规划区中部与南部的生态联系通廊，分别作为垃圾填埋处置区与固废综合处理区以及产业发展区之间的防护绿带，同时充分利用公共绿化空间，打造园区职工的户外生态休闲廊道。

（4）五区：分别为创新型资源循环示范区、无害化及资源循环示范区、综合服务及宣传展示区、产业发展区、总部研发区。

1）创新型资源循环示范区：为园区的主体功能组团，包括生活垃圾焚烧、污泥综合处理、污水综合处理、综合填埋处置等功能，借助自然山势，布置于园区最南侧，与园区

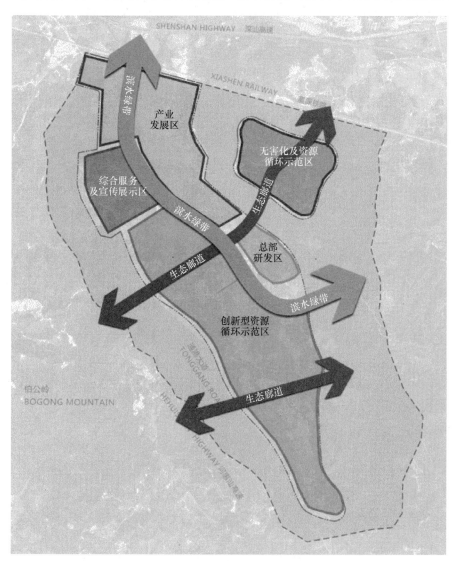

图 9-14　深汕环境园规划结构图

174

外城市建设用地保持充足的安全防护距离。

2）无害化及资源循环示范区：以汽车拆解、危险废弃物处置、医疗废弃物处置、建筑废弃物综合利用等循环利用处理设施为主，通过园区东侧谷地地形形成天然屏障，规避对园区内外的"邻避效应"。

3）综合服务及宣传展示区：设置于园区中部锡坑水库两畔，生态环境良好，地理区位优越，兼顾南片区固废处理设施员工及北片区产业工人的居住、购物、综合服务需求，同时作为园区固废科教集中宣传展示的区域。

4）产业发展区：以交通便利为主要出发点，布设于园区北侧地块，与鹅埠片区城市建设用地相连，与园区固废处理及资源协同处理区形成独立分区，互不干扰。

5）总部研发区：位于九度水畔、创新型资源循环示范区环绕的核心区域，生态环境资源突出，为固废综合处理、办公、研发的集中场所。

2. 用地规划

园区规划总用地面积 585.18hm²，规划区用地由商业服务业用地（C）、公共管理与服务设施用地（GIC）、工业用地（M）、物流仓储用地（W）、交通设施用地（S）、公用设施用地（U）、绿地与广场用地（G）、其他用地（E）八大类用地组成。

各类用地规划的用地面积及占建设用地比例详见表 9-3 及图 9-15。

深汕环境园规划用地汇总表　　　　　　　　　　　　表 9-3

规划用地汇总表						
用地类型		用地类型		用地面积 （hm²）		占建设用地比例 （%）
大类	中类					
C	C1	商业服务业用地	商业用地	5.79		1.04
GIC	GIC2	公共管理与服务 设施用地	文体设施用地	7.60	4.13	0.74
	GIC8		文化遗产用地		3.47	0.62
M	M1	工业用地	普通工业用地	81.30		14.56
W	W0	物流仓储用地	物流用地	4.23		0.76
S	S1	交通设施用地	城市道路用地	97.01		17.37
U	U1	公用设施用地	供应设施用地		0.70	0.13
	U27		停车场、洗车场用地		8.03	1.44
	UA3		粪渣处理用地		1.50	0.27
	UA4		生活垃圾卫生填埋用地		83.38	14.93
	UA5		生活垃圾处理用地	251.90	58.12	10.40
	UA7		其他垃圾处理用地		8.12	1.45
	UB2		弃料及其他废弃物处理用地		10.70	1.92
	UC2		危险废弃物处理用地		13.20	2.36
	UD1		污泥处置用地		18.94	3.39
	U9		其他公用设施用地		49.21	8.81
G	G1	绿地与广场用地	公园绿地	110.70		19.81
E	E1	其他用地	水域	26.65		—
合计		规划区总用地		585.18		100.00

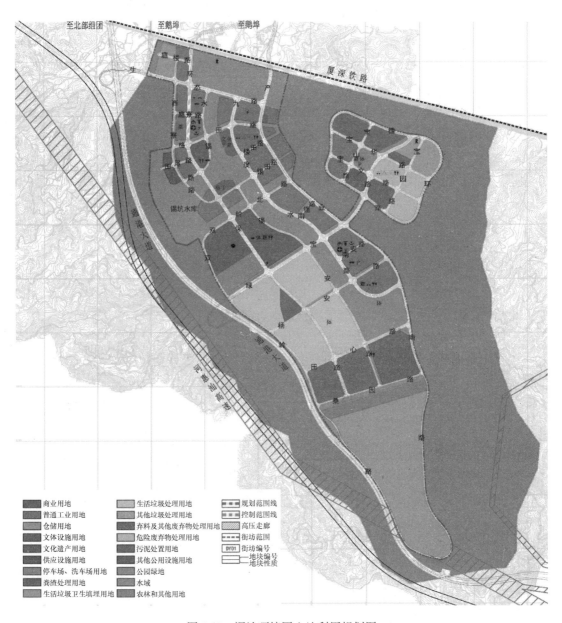

图 9-15　深汕环境园土地利用规划图

3. 城市设计

城市设计进一步明确了深汕生态环境科技产业园的目标愿景即全球生态标杆型环保科技绿谷。规划以环境科技创新为驱动力，抓住深汕生态发展的机遇，充分利用优美的生态景观资源，塑造在绿色中生长的产业园区，构建生态和谐、具有国际品质的环保绿谷（图 9-16）。

（1）城市设计策略

1）城市设计核心概念：环保链接，生态交互。

2）三大设计策略：大公园、循环圈、智慧园。

3）多个设计亮点：山林环、湿地链、滨水服务核、环保产业坊、超级环保公园。

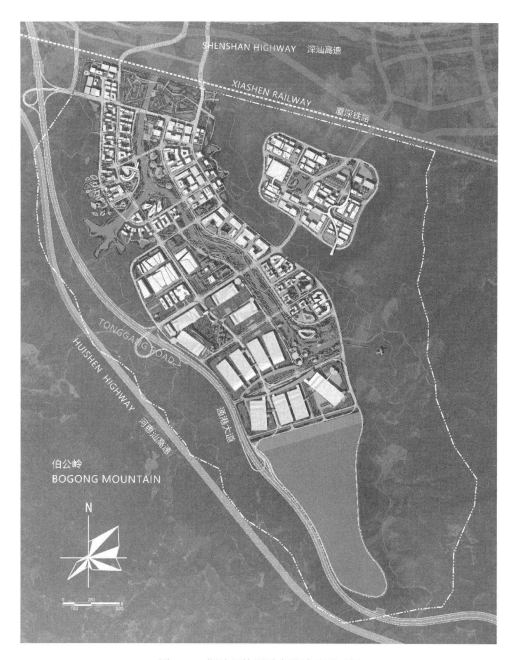

图 9-16　深汕环境园城市设计总平面图

4）一套产业园 KPI 控制体系：环境韧性、创新环保、分层交通、智慧管理、地区认同。

（2）空间结构

规划区整体空间组织突出山水特征，严格控制建筑高度，确保显山露水和生态绿谷舒适氛围，依托水系控制山水通廊形成绿色渗透，并划分组团空间；打造连续的滨水景观带和一系列空间景观节点，创造依山拥水、尺度宜人的"一心、三区、多节点"生态绿谷特色空间（图 9-17）。

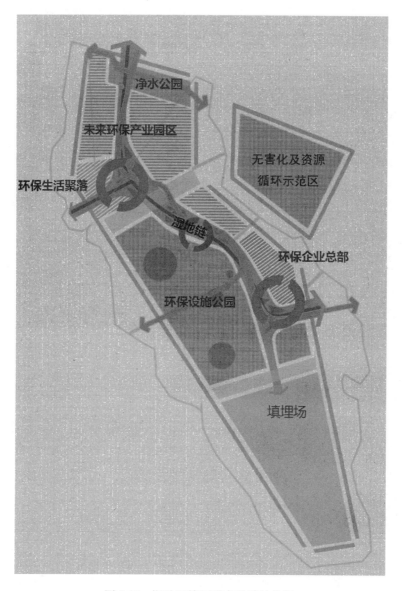

图 9-17　深汕环境园城市设计结构图

4. 能源协同

根据进入园区的废弃物类型及处理工艺要求，确定深汕生态环境科技产业园的物质资源协同利用架构及流程。该流程充分考虑了物质资源的合理利用，确保深汕生态环境科技产业园的输出物为高标准排放的水、烟气及各类再生资源，园区内填埋处置为螯合固化之后的飞灰及综合利用后的炉渣。

深汕生态环境园协同循环处理以各类固废处理项目为主要内容，以城市固废处理无害化、减量化和资源化为原则，以节能环保、降低能耗为目标，通过合理的空间布局及优化设计，加强产业园固废之间的物质循环和能量循环，形成生态型循环机制，实现原生垃圾

"零填埋"，以及各类垃圾综合处理，实现资源利用最大化，土地占用和污染排放最小化，综合效益显著，彰显环境友好。

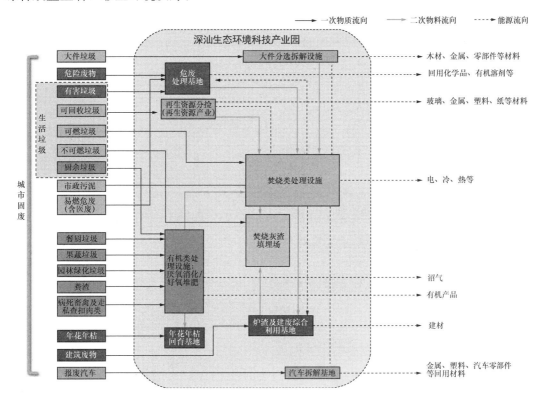

图 9-18 深汕生态环境科技产业园固废处理及资源与能源协同利用架构及流程

5. 路径清晰的方案传导

（1）多元功能有机融合

园区融合了环保智造、垃圾处理、综合交通、生活回馈、游憩回馈等功能，形成综合型生态科技环保园区。同时，尊重历史发展，注重活化地域文脉，保留现有清代建筑群落，赋能园区发展，添加靓丽名片。

（2）复合产业集群发展

大力发展生态环保产业与节能产业。其中，生态环保产业包括：水处理、固废处理、再生资源、环境监测与修复、大气污染治理、绿色制造等。

节能产业重点发展节能金属材料、工程材料及其他功能材料等上游设备原材料，推进工业变频技术、节能配电技术、节能监测、高效电动机、余热余压利用、锅炉窑炉等装备和节能技术的生产制造及技术应用与推广，吸引国内外知名企业设立总部和研发中心，打造深圳重要的节能环保产业基地。

（3）配套服务高质创新

重点发展创新孵化、商务服务、展览展示、科教体验、科技研发、信息服务等创新服务业。高质量建设时尚商街、餐饮美食、文化娱乐、公寓酒店等配套产业，为园区提供生活性服务。

（4）彰显空间开发特色

基于生态优先，引入环保科技，塑造"大公园、循环圈、智慧园"三大园区品牌。并融入山林环、湿地链、滨水服务核、环保产业坊、超级环保公园等多个设计亮点，着力打造"明晰定位，突出主题，彰显特色"的高质量园区品质。

6. 严格高效的管控抓手

（1）控制内容

用地控制方面，通过量化指标实现用地管控，严守城市开发边界，引导产业用地合理有序开发、集约节约化利用，实现园区用地的综合效益最大化。

生态环保方面，运用海绵城市建设理念，严控污染物排放，最大限度地减少产业及环境基础设施建设对生态环境的影响；通过园区内资源综合利用、污水再生回用，打造循环经济型园区。

经济社会方面，通过政府主导，积极培育多元化环保投资主体，引进核心产业项目，形成产业规模效应，提供新增就业岗位。

（2）控制要点

将环境园周期划分为"规划、建设、运营"三个主要阶段。应依据控制的时间段、介入的节点以及不同的控制内容，构建环境园的"三不同"控制体系，即控制时段不同、控制介入不同、控制内容不同。

9.1.4 实施效果

（1）园区已于 2020 年底正式启动建设工作，规划实施进展顺利，园区对外联络交通的通港大道（快速路）已正式开工，同步开展的工程主要包括园区主干道路、一期工程范围内的三通一平和园区原住民的搬迁安置区。

（2）该规划的方法和经验总结已融合进学术专著《城市综合环卫设施规划方法创新与实践》（2020 年出版），分类别、分层次地介绍了环卫设施综合园区的规划编制方法，同时项目组发表了中国城市规划年会论文《环境园规划要点探讨——以深汕合作区为例》，并收录在年会论文集中。

（3）该规划的成果和内容已列入《深圳市"无废城市"建设试点实施方案研究》《深圳市环境卫生设施总体规划（2019—2035)》《深圳市深汕特别合作区国土空间总体规划》《深圳市 2021 年重大项目计划》《深圳市生态环境"十四五"规划》等全市重大规划和工作中，并为相关工作的开展与实施提供重要的技术支撑。其中，通港大道、园区"七通一平"、一期设施已纳入深圳市 2021 重大项目计划库。